冶金自动化工程案例分析

——选矿、烧结、球团和高炉

陈雪波　沈明新　徐少川　编著

东北大学出版社

·沈 阳·

图书在版编目（CIP）数据

冶金自动化工程案例分析：选矿、烧结、球团和高炉／陈雪波，沈明新，徐少川编著 .— 沈阳：东北大学出版社，2011.2
ISBN 978-7-81102-912-3

Ⅰ.①冶…　Ⅱ.①陈…　②沈…　③徐…　Ⅲ.①冶金工业—自动化技术—案例—分析　Ⅳ.①TF3

中国版本图书馆 CIP 数据核字（2011）第 013843 号

出 版 者：东北大学出版社
　　　　　地址：沈阳市和平区文化路 3 号巷 11 号
　　　　　邮编：110004
　　　　　电话：024—83687331（市场部）　83680267（社务室）
　　　　　传真：024—83680180（市场部）　83680265（社务室）
　　　　　E-mail: neuph @ neupress.com
　　　　　http：// www.neupress.com
印 刷 者：沈阳中科印刷有限责任公司
发 行 者：东北大学出版社
幅面尺寸：170mm×240mm
印　　张：11
字　　数：215 千字
出版时间：2011 年 2 月第 1 版
印刷时间：2011 年 2 月第 1 次印刷

责任编辑：孟　颖　　　　　　　　　　责任校对：王艺霏
封面设计：唐敏智　　　　　　　　　　责任出版：杨华宁

ISBN 978-7-81102-912-3　　　　　　　定　　价：22.00 元

序

  随着国家大力发展工程教育战略目标的确立，工科高校教学改革回归于工程教育是必然趋势，同时也是工科高校促进专业特色建设、提高人才培养质量的根本要求。为了适应社会发展和科技进步的需要，将自动化工程教育与冶金工业企业生产过程和技术教育的交叉与融合，是工科高校培养具有工程设计、安装、调试、运行和维护能力，即具有工程实践能力的应用型人才的重要工作之一。

  一般来说，在冶金工业企业从事生产、工艺、设备相关工作的工程技术人员，不了解自动化或自动控制；反过来自动化等相关专业的工程技术人员对于工艺和设备等知之甚少。专业之间的壁垒和对工程实践的认识，造成了高校人才培养的错位，即人才培养的目的与工业企业的需求无法对接。本教材是通过对传统课程内容的改革整合和交融，强调冶金工业过程自动化应用技术的特点，以满足工科高校自动化类专业和冶金类专业教学和实践的需求。

  本教材的作者大部分是教师，长期从事工科高校的本科生、研究生课程的教学工作及科研工作，特别是与冶金工业企业、自动化工程企业等长期合作，致力于冶金工业过程自动化领域的相关科研工作，并取得了一系列科研成果。通过合作，具体掌握了冶金工业生产过程自动化、信息化以及综合自动化生产线较为详尽的知识，无论是在技术研究的高度上、同类冶金过程生产线不同控制方式的广度上，还是在解决实际问题的技巧上，都积累了比较丰富的理论和实践经验。

  本教材的出版，定会在转变教学思想、推动教学改革、更新专业知识体系、培养学生的工程实践能力和工程创新能力等方面，对冶金类高等院校本科、研究生的教学提供帮助。

2010 年 12 月

前　言

现代工程教育，主要包括本科生和研究生的工程设计能力、工程实践能力、研究开发能力、创新攻关能力、综合集成能力的培养。在上述诸多方面的能力培养中，受到了专业教育平台短缺的困扰、高校和企业客观条件的限制和学生自身认知能力的束缚。因此，在本科生和研究生的教育阶段中，打破专业之间的壁垒和提高对工程实践的认识，是现代工程教育的重要工作之一。

为了培养冶金自动化工程领域内具有工程实践能力，特别是具有工程设计、安装、调试、运行和维护能力的应用型人才，为了使冶金类相关工科院校和专业在人才培养的教学过程中，能够摆脱与工业企业人才使用相脱节的尴尬局面，本书以冶金工业自动化工程设计、安装、调试、运行和维护现场技术人员的视角，结合钢铁企业选矿、烧结、球团和高炉等上游生产过程的工程实际，选择性地介绍了相关生产过程中的自动化工程案例，较为详细地阐述了控制过程中电气和仪表控制中所需要关注的问题。

本书共分为 4 章，第 1 章选矿工艺及控制系统由沈明新、张勇、张亚如编著；第 2 章烧结生产自动化技术由徐少川、王海、郭秋平编著；第 3 章球团生产自动控制系统由徐少川、张银辉、王斌编著；第 4 章高炉自动控制系统由徐少川、张明君、李娜编写。陈雪波教授对全书进行了审读和修改。另外，冯铁、李伯群、陈贺、邱洪洞、孙海洋、苟维东、张煜、闫欣等参与了本书的编写。

本书在编著过程中得到了鞍山海汇自动化有限公司的大力支持和帮助，在此表示衷心的感谢！另外，感谢大连理工大学王伟教授给本书提供的宝贵意见。

由于作者手中的资料及水平所限，尽管付出了极大的努力，但在编著过程中仍难免有不妥之处，恳请读者批评指正。

作　者

2010 年 12 月

目　录

第1章　选矿工艺及控制系统

选矿是一个极为复杂的工业生产过程，来自采矿厂的矿石要经过选矿过程的各个作业工序，最后才能得到符合冶炼要求的精矿粉。每一个作业工序都是一个极为复杂的工艺过程，既包括动力学过程，又包括物理过程和化学过程。

1.1　选矿工艺

选矿是指从原矿石中除去所含的脉石及有害元素，使有用的矿物得到富集，或使共生的各种有用矿物彼此分离，得到一种或几种有用矿物的精品的工艺过程。常用的选矿方法有重选法、浮选法、磁选法等。选矿对于开发矿业，充分利用矿业资源有着十分重要的意义。

1.1.1　选矿工艺流程

一般的选矿工艺流程如图 1.1 所示，选矿工艺主要分成以下几个工艺段。

（1）破碎工艺。

① 氧化矿破碎系统：采用半移动破碎机(粗破碎)，中碎筛分闭路，高压辊磨破碎流程；

② 原生矿破碎系统：采用半移动破碎机(粗破碎)，中碎筛分闭路，干选-高压辊磨破碎流程。

（2）磨矿工艺。

① 氧化矿磨矿系统：采用二段磨矿(阶段磨矿)；

② 原生矿磨矿系统：采用二段磨矿(阶段磨矿)。

（3）选别流程。

① 氧化矿选别系统：采用粗细分级，重选-强磁-反浮选流程；

② 原生矿选别系统：采用单一磁选流程。

（4）尾矿处理系统。

尾矿输送系统由除渣筛、尾矿溜槽、浓缩池、尾矿输送泵站、输送管线和事故池组成。

主要工艺设备有：破碎机、双层振动筛、高压辊磨、球磨机、旋流器、重叠式细筛、筒式磁选机、高梯度磁选机(中磁)、高梯度磁选机(强磁)、磁选柱、浮选机和盘式真空过滤机。

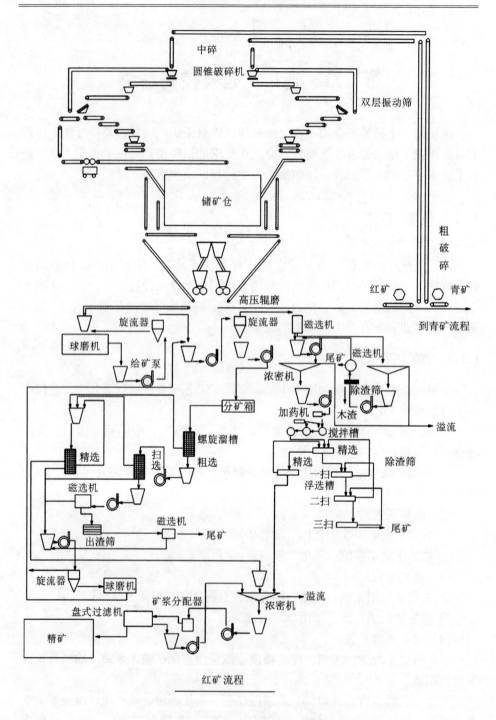

图 1.1(a)　选矿工艺之红矿流程

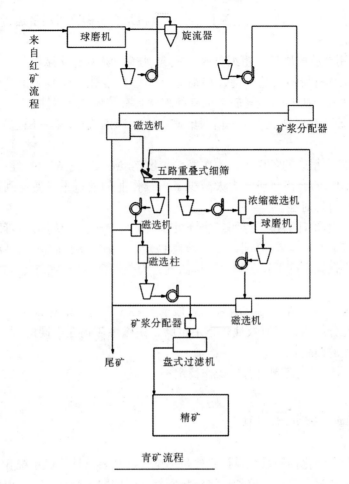

图 1.1(b)　选矿工艺之青矿流程

1.1.2　选矿流程中的磨矿工艺

根据原矿的种类磨选流程分为氧化矿磨选流程和原生矿磨选流程两类。

（1）氧化矿磨选流程——阶段磨矿、粗细分级、重选-强磁-阴离子反浮选工艺。其特点如下。

① 采用阶段磨矿、阶段选别的工艺流程，及时选出已单体解离的有用矿物，减少已解离的有用矿物进入二段磨矿和后续作业，既有利于降低磨矿成本，也可以提高系统生产能力。

② 采用粗细分级入选的工艺流程，体现了窄级别入选的合理的选矿过程。特别是粗细分级后，易选的粗粒部分用运行成本和设备本身成本较低的螺旋流槽选别，而细粒相对难选部分用运行成本和设备本身成本较高的强磁-阴离子

反浮选工艺选别，实现了工艺流程本身的有机组合，做到了经济运行和先进技术指标的统一。

③ 采用"阶段磨矿、粗细分级、重选-强磁-阴离子反浮选"工艺对原矿性质的变化具有较强的适应性，特别是对 FeO 的变化具有较强的适应性，这对于铁矿开采初期 FeO 变化较为频繁的现状具有较强的针对性。

(2) 原生矿磨选流程——阶段磨矿，阶段选别流程(单一磁选)，其特点如下。

① 原矿在粗磨的条件下，一次磨矿粒度 74μm 55% ~60%，经一段磁选，即可抛出 60% 的合格尾矿，大大减少了后续作业的通过量，使选别作业和二次磨矿更具有针对性。

② 二次磨矿球磨排矿返回二次分级，磨矿与二次分级细筛形成闭路系统，有利于系统矿量的均匀分配，便于流程稳定。二次分级细筛筛下粒度 74μm 85% 以上，保证了筛下铁矿物单体解离度，为获得合格最终精矿创造了有利条件。

③ 阶段磨矿、单一磁选流程的各段磨矿粒度合适，既保证了铁矿物和脉石矿物的充分解离，又有效地防止了过磨，使磁性矿物在不同的磨矿粒度下，得到了有效的回收。

④ 该流程工艺简单易行，操作稳定。

1.2 选矿基础自动化

选矿厂自动化控制系统设计主要包括电气、仪表及计算机系统 3 个方面的内容以及工艺过程监控系统和厂级信息网络通讯的网关设计。其中电气、仪表及控制系统分别侧重完成对设备的启停和保护、参数检测和执行调节、控制、数据管理和协调控制等项任务。

根据选矿厂生产工艺流程各工序的运行特点、结合现场设备分布情况，控制系统采用分布式集散控制系统的结构，将被控过程分为中碎系统、筛分系统、干选系统、废石仓、中间贮矿仓、辊压系统、磨选系统、浮选系统、过滤系统、尾矿系统和除尘系统等。

控制系统控制功能主要包括生产过程的顺序控制和生产工艺的过程控制。

1.2.1 控制系统的顺序控制功能

顺序控制能够实现生产设备联锁启动、联锁停车、事故停车、事故停车状态下的启停处理及事故报警处理等功能，满足生产工艺设备系统性、安全性和灵活性控制的要求。

电机驱动采用的变频器及 E3 马达控制器通过设备网 DeviceNet 联入各自所属的控制站，以减少大量接线和设备故障率，实现高效的顺序控制。

控制方式有两种，一是机旁操作，一是集中联锁。机旁操作为手动操作控制方式。将设备现场机旁操作箱上的工作制转换开关置于"机旁"位置，由机旁操作箱上的控制按钮启动和停止设备。该方式适用于参与联锁的所有设备，且仅在单个设备的维修及试运行时才使用该方式。集中联锁方式为自动操作控制方式。设备现场的机旁操作箱上工作制转换开关置于"集中"位置，在 OS 的操作画面上对各生产控制系统的工艺流程构成进行料线选择、系统启动和停车等操作。控制系统运行用户应用程序及执行监控站的指令，对生产控制系统中的联锁设备进行集中联锁控制。

1.2.2　控制系统的过程控制功能

过程控制是指对生产的工艺过程进行控制，是提高产品质量、节约能源、降低生产成本的根本保证。过程控制的主要仪表检测项目按各工艺环节描述如下。

（1）破碎筛分系统的主要仪表检测项目包含：氧化矿、原生矿料量、废石量检测，矿仓料位检测，固定辊、移动辊电机定子温度检测，固定辊、移动辊速度检测，固定辊、移动辊功率检测，固定辊、移动辊电流检测，高压辊磨机进料量、出料量检测。

（2）磨选系统的主要仪表检测项目包含：铁矿石矿仓料位检测，球磨机功率检测，环水压力检测，渣浆泵出口矿浆压力、流量检测，旋流器溢流矿浆粒度检测，原矿、精矿、尾矿品位检测，二段旋流器给矿浓度检测，球磨机的给矿量计量、加水量检测及控制，一段旋流器给矿浓度检测及控制，泵池液位检测及控制，气动阀的远程控制，渣浆泵出口压力、流量检测，浓缩池底流矿浆浓度检测及控制，真空泵冷却水回水温度，鼓风机风压、风量检测，渣浆泵出口矿浆压力、流量检测，泵池液位控制，铁精矿矿量、水分检测，气动阀的远程控制，硝酸泵出口总管流量检测。

（3）浮选系统的主要仪表检测项目包含：浮选机矿浆 pH 值检测，矿浆搅拌槽矿浆温度检测及控制，热水槽温度、液位检测及控制，RA715 槽温度检测及控制，淀粉苛化槽温度检测及控制，CaO 制备槽、一次淀粉制备槽、热水槽、NaOH 制备槽加水量检测，RA715 槽、淀粉苛化槽加热水量检测，制动加药箱液位检测及控制，浮选槽液位检测及控制。

（4）尾矿和水泵站系统的主要仪表检测项目包含：泵池出水压力、流量检测，泵池液位检测，浓缩池溢流水浊度检测，泵池加药量检测及控制，矿浆浓度检测，矿浆总管压力、流量检测，渣浆泵进口矿浆流量检测，矿浆总管压力、流量检测，泵池液位检测，泵出口压力、流量检测，泵池液位检测，水池液位检测，泵出口压力、流量检测。

（5）辅助系统的主要仪表检测项目包括：除尘器进、出口温度检测，除尘器进、出口压力检测，除尘器进、出口流量检测，除尘器进、出口粉尘浓度检测，除尘灰斗料位检测，除尘风机入口风门远方手动操作，循环水进、出口温度、压力、流量检测，循环水泵出口压力检测，补水泵出口压力检测，蒸汽管道进口温度、压力、流量检测，水箱水位检测，循环水回水压力调节，储气罐出口母管温度检测，高效除油器出口管道压力检测，除尘过滤器进口管道压力检测，储气罐出口管道压力检测，储气罐出口母管流量检测，润滑油系统油温、油压力检测。

1.2.3 主要生产过程变量及检测仪表

1.2.3.1 主要生产过程变量

（1）磨矿机原矿给矿量。它是磨矿机生产率的重要参数，也是磨矿机负荷（装载率）控制的重要参数，可用电子皮带秤对此参数进行检测。

（2）磨矿机给水量。它是磨矿机浓度控制的重要参数，可用电磁流量计或孔板对其进行检测。

（3）磨矿机负荷（装载）量。它是磨矿机正常生产的主要参数，对此参数尚无直接检测的方法，目前普遍采用振动传感器和功率变送器对此参数进行间接检测。

（4）矿浆流量。在磨矿分级过程中它是计量矿量的重要参数，普遍采用电磁流量计或超声波流量计对此参数进行检测。

（5）矿浆粒度。它是控制磨矿、分级的重要参数，对磁选效果起决定性作用，普遍采用超声波粒度仪或激光粒度分析仪对此参数进行检测。

（6）矿槽料位。它是表示碎矿、磨矿厂房中矿仓贮矿量的重要参数，用于监视、控制矿仓的贮矿。普遍采用超声波料位计、γ射线料位计或其他形式的料位计对此参数进行检测。

（7）泵池液位。它是控制泵池正常工作的重要参数，用于控制矿浆泵的速度。普遍采用超声波液位计、电容式液位变送器、LA 型（浮漂型）液位变送器对此参数进行检测。

（8）矿浆金属品位。它是选矿生产中选别效果的重要指标，对生产起主要指导作用。目前普遍采用高压 X 射线荧光品位分析仪或同位素品位分析仪对此参数进行检测。

（9）矿浆浓度。它是选矿过程、控制磨矿分级的重要参数。普遍采用γ射线密度计或压差法对此参数进行检测。

（10）浮选槽液位。它是控制浮选过程的主要参数，普遍采用浮漂式 LA 型液位变送器或吹气式液位计对此参数进行检测。

（11）浮选矿浆 pH 值。它是控制浮选过程的重要参数，普遍采用工业用 pH 计对此参数进行检测。

（12）浮选矿浆温度。它是控制浮选过程的重要参数，普遍采用热电阻或热电偶对此参数进行检测。

（13）矿浆金属品位。它是选矿生产中选别效果的重要指标，对生产起主要指导作用。目前普遍采用高压 X 射线荧光品位分析仪和同位素品位分析仪对此参数进行检测。

（14）精矿含水量。它是选矿最终产品的重要参数，可用中子水分计或红外线水分计对此参数进行检测。

（15）精矿矿量。是选矿厂的重要经济指标，它用于计量选矿生产的产量，普遍采用高精度电子皮带秤对此参数进行检测。

1.2.3.2　主要检测仪表

（1）雷达料位计 LR260。SITRANS LR460 是一种二线制 25GHz 脉冲雷达物位变送器，用于固体的连续测量，包括高粉尘以及 200℃ 高温应用，量程达 30m。25GHz 高频率、喇叭口天线，便于安装在任何场所。

通讯支持 HART，现场智能信号处理改善测量稳定性，自动虚假回波抑制可去除固定干扰物的影响，使用红外无线手操器进行操作，简单快捷。

关键应用：水泥粉末、冶金矿石、塑料颗粒/粉末、煤、面粉、谷物、焦炭等。

测量原理　　　　　　　脉冲雷达物位测量

频率　　　　　　　　　K-波段（25GHz）

输出　　　　　　　　　模拟输出（HART）

供电　　　　　　　　　4～20mA 正常 24VDC（最大 30VDC）

外壳的环境温度　　　　－40～80℃

防护等级　　　　　　　IP67/TYPE 4X/NEMA 4X，TYPE6/NEMA6

电缆入口　　　　　　　2×M20×1.5

过程连接平法兰 316 不锈钢，100mm，带内置瞄准器

（2）一体化超声波液位计 ProbeLU。连续液位测量，最大量程 12m，安装方便，启动简单，编程可用红外手持编程器、SIMATICPDM 或 HART 手操器。

范围　　　　　　　　　4～20mA

精度	±0.02mA
分辨率	≤3mm
量程	精度量程的±0.15%或6mm，取其较大值
温度补偿	内置温度补偿
环境温度	−40~80℃

（3）矿浆电磁流量计。SITRANSFMTransmag2是交变脉冲电磁场的电磁流量计，它的磁场强度高于常规的直流脉冲磁场流量计，来自西门子公司的专利测量方法——交变脉冲磁场，这些特点使它可以应用于许多难以测量的场合，适于测量有大颗粒成分和导磁的介质。主要特点如下：高浓度的矿浆，固体含量大于3%；高黏矿浆；带磁性颗粒的矿浆；使用16位微处理器，快速信号处理；由于装有SmartPLUG，因此能自动识别传感器类型和进行数据校正；PROFIBUSPA(3.0版)/HART通讯；有2行显示的简便的菜单操作；自监视功能；内置仿真器(适于所有输入输出功能)；利用磁化电流、参考电压和湿电极功能来监视传感器；脉冲、设备状态、极限值、流向的模拟量输出和数字量输出；计数器复位值和测量设备中断的可选的无源开关量输入(PZR)；交变脉冲磁场，根据传感器型号，可以测量最小电导率$0.1×10^{-4}S/m$的介质；一般显示LCD，背光，2行，每行16个字符；多功能显示流量，累积流量，流速，控制4个按键输入参数；AC电压100~250VAC±15%，47~63Hz，功耗约120~630V·A，与传感器有关；电源故障存储的能量供应时间至少为1个电网周期(大于20ms)；保险丝100~230VAC：T1.6A，磁电流保护F5A/250V。

（4）西门子DSⅢ系列压力测量仪表。西门子原装产品，质量好、寿命长，在极端化学和机械负载下保持高可靠性，适用于腐蚀和非腐蚀性气体、蒸汽和液体。接液部件采用高等材料(不锈钢，哈氏合金、黄金、蒙乃尔合金，钽)，带HART通讯的DSⅢ变送器量程：0.01~400kPa，测量精度高，DSⅢ系列压力变送器可以应用于具有极端化学和机械负载的工业领域。10kHz~1GHz范围内的电磁兼容使DSⅢ压力变送器适用于高电磁辐射场合。变送器可以连接各种设计的远传密封组件，适用于高黏度物料等特殊应用场合。

（5）MUS皮带秤。皮带秤MUS可以为混凝土沙石、矿物等物料，提供费用低廉的在线称重。无桥架，这种结构可适应于多种宽度的皮带输送机和托辊，同时可以减少物料在皮带秤上的堆积。

MUS模块化的结构易于组装，甚至在很紧张的供货计划下，能保证快速满足交货的要求，秤的安装可以从皮带这里移到那里，MUS有无可比拟的灵活性。

MUS与基于微处理器的积算仪一起使用并提供流量指示，总质量、皮带负荷和在皮带运输机上固体散料的速度，一个速度传感器测量皮带运输机皮带速度，并输入到积算仪。主要特点如下：独特的模块化设计，安装简单，维护量低；精度量程比为 4:1 时，精度为总累积量的 ±0.5%～1%；最大物料温度 65℃；皮带宽度重负荷 1200mm 或更大；皮带速度最大 3.0m/s；流量最大 5000t/h；输送机倾斜相对水平 ±20°，固定倾角，达到 ±30° 时，会导致精度降低；槽角从 0°到 35°，到 45°，会降低精度；托辊直径 50～180mm；称重传感器为铝材质；激励电压正常 10VDC，最大 15VDC；输出 2mV/V 激励电压；非线性和滞后额定输出的 0.02%；重复性额定输出 0.01%；重负荷 50，100，150，200，500kg；过载安全额定容量的 150%，极限额定容量的 300%；温度运行环境温度 -40～65℃，补偿 -10～40℃。

1.2.4　控制系统的主要监控功能

监控功能由操作站完成，控制室操作人员通过操作站来实现全厂的监控。监控的主要内容包括：数据采集及处理，参数显示(物位、流量、温度、压力等)，控制系统及生产设备运行状态显示(电机运行、阀开/关)，重要参数显示趋势曲线，回路详细显示，趋势显示，报警和事件列表，各工艺环节的模拟画面显示，生产数据报表画面及打印，过程变量数值报警、记录及打印。

班报表、日报表和月报表可由相应的组态软件自动生成。系统能自动或实时打印输出报警事件、操作员动作和归档数据、图形趋势和屏幕硬拷贝列表。生成的报警能标明时间和日期，并区别优先级别。操作员可方便地改变控制系统的设定值，进行控制系统设备的启动和停止、集中联锁或远方控制等操作。EWS 工程师站提供 PLC 和上位机的在线及离线维护、测试和开发功能，方便地进行软件开发、运行维护和在线修改。

总体系统窗口如图 1.2 所示。

磨矿主要的检测和控制环节如下。

① 将检测磨矿矿仓料位的信号(破碎工序检测和控制)进行显示，了解各矿仓料位。自动切换磨矿矿仓的不同下料点，通过 DeviceNet 接口控制变频调速装置，达到自动调节给矿量的目的。

② 皮带电子秤信号要进入控制系统中，用于检测磨机给矿量的瞬时值和累计处理量。通过 DeviceNet 接口控制变频调速装置，达到自动称量调节。

③ 对磨机各部位的补加水可以进行计量和调节。

④ 对磨机的启/停检测和控制，对磨机的瓦温、振动润滑、负荷(电压、电流、功率、称重、电耳等方式)的检测和联锁保护。

⑤ 对加球量进行计量。

⑥ 旋流器主要控制开动台数，用变频调速调节给矿泵流量，检测给矿浓

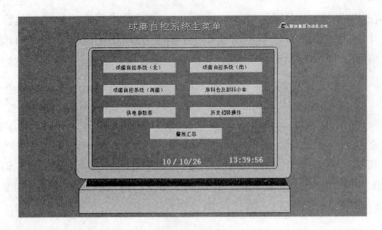

图 1.2　球磨自控系统主菜单窗口

度、矿浆流量、旋流器给矿压力、泵池液位、泵池补加水量和调节水阀。

⑦ 选别前的浓度和粒度检测。

磨矿窗口(包括某磨机)如图 1.3~图 1.5 所示。

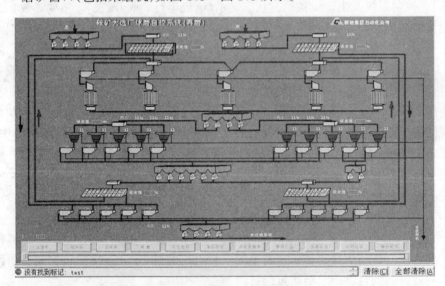

图 1.3　磨矿自控系统窗口

（1）破碎控制站。

破碎及筛分主要的检测和控制环节如下。

① 破碎机、筛分机由操作人员在计算机设定启动，皮带机等设备按程序联锁运行，按逆向启动，按顺序停车。

② 破碎给矿皮带采用变频调速运行，保证给矿量调节。

③ 各种设备事故、过负荷、过热、过扭矩等保护进入控制系统中。

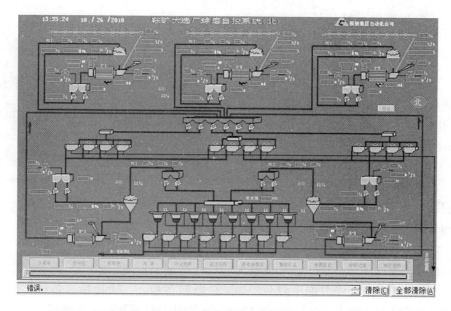

图 1.4　球磨自控系统窗口

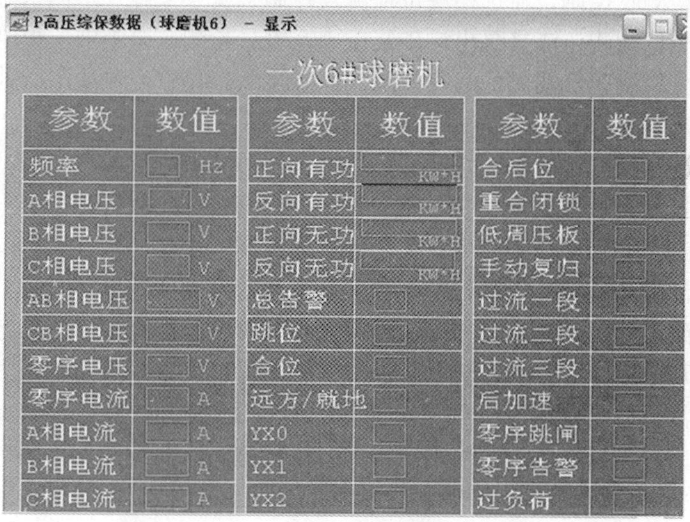

图 1.5　球磨机自控系统窗口

④ 采用超声波料位检测矿仓料位，实现卸料车的自动对位卸料，使各料仓布料均匀合理。

⑤ 根据不同破碎机型号采用不同控制和保护方式，根据不同入口粒度要求，设定、调整排矿口尺寸或者检测排矿口大小。

⑥ 金属探测器要参与系统控制，保护破碎机的正常运行。

⑦ 皮带电子秤信号要进入控制系统中来，用于记录矿量的瞬时值和累计量。

⑧ 对破碎机的润滑站、液压站等装置的各种保护信号进行检测、报警和实时处理。破碎系统磁选机窗口如图1.6所示。

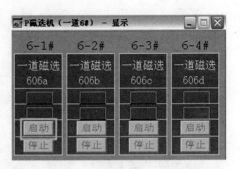

图 1.6　磁选机自控窗口

（2）浮选控制站。

浮选控制站对反浮选及过滤生产过程进行全面检测、生产过程的顺序控制和生产工艺的过程控制。

浮选及过滤主要的检测和控制环节有：浮选机矿浆 pH 值检测，矿浆搅拌槽矿浆温度检测及控制，热水槽温度、液位检测及控制，RA715 槽温度检测及控制，淀粉苛化槽温度检测及控制，CaO 制备槽、一次淀粉制备槽、热水槽、NaOH 制备槽加水量检测，RA715 槽、淀粉苛化槽加热水量检测，制动加药箱液位检测及控制，浮选槽液位检测及控制，真空泵冷却水回水温度，鼓风机风压、风量检测，渣浆泵出口矿浆压力、流量检测，泵池液位控制，铁精矿矿量、水分检测，气动阀的远程控制，硝酸泵出口总管流量检测，药剂制备过程控制。

（3）尾矿控制站。

尾矿控制站对尾矿浓缩池、循环水泵站及总砂泵站生产过程进行全面检测、生产过程的顺序控制和生产工艺的过程控制。

尾矿浓缩池、循环水泵站及总砂泵站主要的检测和控制环节有：尾矿浓缩池底流矿浆流量、浓度自动控制，隔膜泵主要参数检测与控制，工艺设备联锁控制，循环水的综合控制，渣浆泵进口矿浆流量检测，矿浆总管压力、流量检测，泵池液位检测，泵出口压力、流量检测，泵池液位检测，水池液位检测，泵出口压力、流量检测，泵池出水压力、流量检测，泵池液位检测，浓缩池溢流水浊度检测，泵池加药量检测及控制。

1.3　主要工艺过程控制策略

1.3.1　磨矿过程优化控制

磨矿过程是选矿厂动力消耗最多的一个作业环节，在选矿厂中占有重要地位。磨矿分级过程是一个复杂的循环过程，各种外界干扰因素众多，矿石的性质、磨矿浓度、介质充填率、磨机转速率、料球比、返砂量、分级效率、介质配比、介质形状等都会对磨矿作业产生较大影响。同时，磨矿分级过程惯性大，时滞长，非线性严重又有时变性，机理比较复杂。于是人工操作时不得不采用降低磨矿分级机组效率的操作方法，以求得在干扰幅度较小时工况稳定。然而，在干扰幅度较大时，仍难免发生操作事故，作业过程大起大落，球磨机或"胀肚"(过负荷)或"空砸"(欠负荷)，分级机不是跑粗就是返砂过量，并且形成恶性循环，严重影响磨机和分级机组效率的发挥，能耗增加，提高了企业生产成本。因此，磨矿分级作业一直为选矿界所重视，迫切需要对磨矿分级过程控制系统进行深入研究。

1.3.1.1　磨矿工艺过程简介

磨矿是在研磨介质产生的冲击力和研磨力联合作用下，矿石被粉碎成微细颗粒的过程。磨矿作业是矿石破碎过程的继续，是浮选前准备作业的重要组成部分。在选矿工业中，磨矿细度与选矿指标有着密切的关系。在一定程度上，有用矿物的回收率随着磨矿细度的减小而增加。因此，适当减小矿石磨碎细度能提高有用矿物的回收率和产量。磨矿机工作原理如图 1.7 所示，矿石的磨碎主要是靠研磨介质(一般为钢球或钢棒)落下时的冲击力和运动时对矿石的磨剥作用。

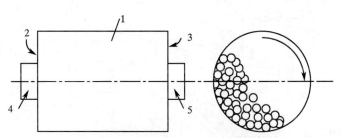

图 1.7　磨矿机工作原理图
1—空心圆筒　2，3—端盖　4，5—空心轴颈

磨矿工艺流程如图 1.8 所示，圆筒矿仓内的粉矿经由电振排料机、给矿皮带送入一段球磨机内，经过球磨机、双螺旋分级机组成的一段闭路磨矿系统细磨后，再经过细筛的筛分作用，大颗粒的矿石被送入由二段球磨机、水力旋流器组成的二段闭路磨矿系统继续再磨，水力旋流器的溢流和经筛分作用后的小颗粒被送入浮选工序。为了保证磨矿分级效果，必须在一段磨机入口、一段磨机出口和二段泵池处分别加入一定流量的清水。磨矿过程最关键的工艺指标是二段磨矿的旋流器溢流粒度指标。从控制的角度看，影响磨矿作业的主要因素有一段球磨机给矿量、一段球磨机磨矿质量浓度、螺旋分级机溢流质量浓度、水力旋流器给矿压力、水力旋流器给矿质量浓度等。保持球磨机给矿量稳定，

使其不波动或波动范围很小，对稳定产品质量、稳定磨矿过程都是很重要的因素，同时从经济效益的角度考虑应保证球磨机的最大处理能力。对于格子型球磨机来说，比较合适的磨矿质量浓度是实现球磨机磨矿效率的前提，磨矿质量浓度的过高或过低都会产生负面的影响，如球磨机涨肚等事故。螺旋分级机溢流质量浓度在某种程度上与一次分级溢流粒度有一定的关系，并且溢流质量浓度的高低将会影响分级机返砂量和质量浓度，从而影响球磨机的磨矿效率和球磨机的处理量，因此控制分级机溢流质量浓度是控制产品质量好坏、磨矿效率的重要环节。为了保证水力旋流器在生产上的稳定及其产品质量的稳定，必须控制旋流器的给矿压力，保证旋流器的工作状况最佳(沉砂呈伞状，角度不能过大或过小)，防止产品质量的波动，同时也防止旋流器给矿泵池被打空或打冒。旋流器的溢流粒度与旋流器的给矿质量浓度有一定的关系，此参数配合旋流器的给矿压力将是控制旋流器分级效率的重要工作参数。以上各种因素相互影响、共同作用，决定了磨矿作业的好坏。

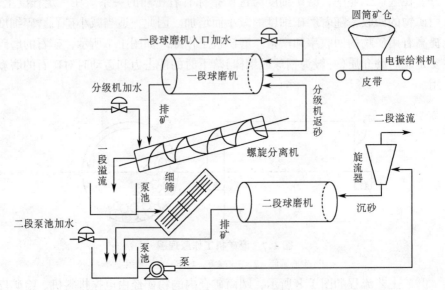

图 1.8　磨矿工艺流程图

通过以上分析，首先确定磨矿过程的主要控制变量为电振排矿机的振动频率、一段球磨机入口加水阀位开度、螺旋分级机补加水阀位开度、水力旋流器给矿矿浆泵转速、二段泵池补加水阀位开度等，主要被控变量为一段球磨机给矿量、一段球磨机入口加水流量、一段球磨机磨矿质量浓度、螺旋分级机补加水流量、螺旋分级机溢流质量浓度、水力旋流器给矿压力、水力旋流器给矿质量浓度、二段泵池液位等。

从目前选矿厂的自动控制情况来看，一段球磨机给矿量的控制水平最低，实际给矿量很容易发生较大的波动，这主要是由于给矿过程是一个大滞后过程。以鞍钢弓长岭选矿厂时处理能力 50t 的球磨机组为例，从开始调节变频器频率到检测到矿量变化需 90s 左右的时间，系统滞后时间长，若采用常规 PID 算法，由于被控量在一段滞后时间后才有反映，而调节器对被控参数偏差的控制又不能及时地反映出来，很容易造成控制超调，甚至发生振荡，控制不好甚至会产生"胀肚"事故。

1.3.1.2　一段球磨机给矿量模糊控制算法设计

由于给矿系统数学模型难以估计，传统的 PID 控制算法和 Smith 补偿方法都难以取得良好的控制效果。因此这里决定采用模糊 PID 控制方法设计给矿量控制器。根据给矿过程的特点，采用二维模糊控制器，以偏差 e 和偏差变化率 ec 作为模糊控制器的输入变量，K_P，K_I，K_D 作为输出，实现 PID 参数的自整定，提高控制器性能。模糊 PID 控制器结构如图 1.9 所示。

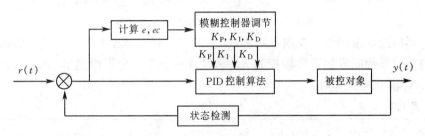

图 1.9　模糊 PID 算法框图

其中，模糊控制器的作用是对 PID 控制的 3 个参数 K_P，K_I，K_D 进行校正，这里把 K_P，K_I，K_D 分为初始部分和校正部分，在此模糊控制器中，将给矿度偏差 e 和给矿变化率 ec 作为该控制器的输入变量，将 3 个参数的偏移量作为控制器的输出变量。

$$K_P = K_{P0} + \Delta K_P(k) \tag{1.1}$$

$$K_I = K_{I0} + \Delta K_I(k) \tag{1.2}$$

$$K_D = K_{D0} + \Delta K_D(k) \tag{1.3}$$

式中，$\Delta K_P(k)$，$\Delta K_I(k)$ 和 $\Delta K_D(k)$ 分别为在第 k 个采样时刻模糊控制器计算出来的 PID 控制器 3 个系数的矫正量。K_{P0}，K_{I0} 和 K_{D0} 为 PID 参数给定初值。

这里根据给矿系统的实际情况，首先把 e，ec，$\Delta K_P(k)$，$\Delta K_I(k)$，$\Delta K_D(k)$ 的论域划分为 7 个等级，即

$$e = \{-3, -2, -1, 0, 1, 2, 3\}$$

$$ec = \{-3, -2, -1, 0, 1, 2, 3\}$$

$$\Delta K_P(k) = \{-0.3, -0.2, -0.1, 0, 0.1, 0.2, 0.3\}$$

$$\Delta K_{I}(k) = \{-0.06, -0.04, -0.02, 0, 0.02, 0.04, 0.06\}$$

$$\Delta K_{D}(k) = \{-0.3, -0.2, -0.1, 0, 0.1, 0.2, 0.3\}$$

选输入变量 e, ec 及输出变量 $\Delta K_P(k)$, $\Delta K_I(k)$, $\Delta K_D(k)$ 的模糊语言子集为 {负大(NB), 负中(NM), 负小(NS), 零(Z), 正小(PS), 正中(PM), 正大(PB)}, 取三角函数作为输入变量及输出变量的隶属函数。图 1.10 给出了 e, ec 的隶属度函数。

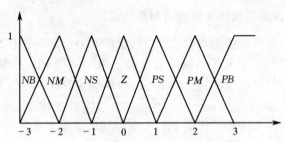

图 1.10　误差和误差变化率隶属度函数

然后选取模糊语言控制规则形式为"if A and B then C"型,并且根据参数自整定思想制成如下模糊控制表。表 1.1~表 1.3 分别给出了 ΔK_P, ΔK_I, ΔK_D 的模糊控制规则。

表 1.1　　　　　　　　　　ΔK_P 规则表

e ＼ ec	NB	NM	NS	Z	PS	PM	PB
NB	PB	PB	PB	PB	PM	PS	Z
NM	PB	PB	PB	PB	PM	MZ	Z
NS	PM	PM	PM	PM	PS	Z	NS
Z	PM	PM	PS	Z	NS	NS	NS
PS	PS	PS	NS	NM	NM	NM	NM
PM	Z	Z	NM	NB	NB	NB	NB
PB	Z	Z	NM	NB	NB	NB	NB

表 1.2　　　　　　　　　　ΔK_I 规则表

e ＼ ec	NB	NM	NS	Z	PS	PM	PB
NB	NB	NB	NM	NM	NS	Z	Z
NM	NB	NB	NB	NS	NS	Z	Z
NS	NB	NM	NS	NS	Z	PS	PS
Z	PM	PM	PS	Z	PS	PM	PM
PS	PM	PS	Z	PS	PS	PM	PB
PM	Z	Z	PS	PS	PM	PB	PB
PB	Z	Z	PS	PM	PM	PB	PB

表 1.3　　　　　　　　　　　　　　　　ΔK_D 规则表

e\\ec	NB	NM	NS	Z	PS	PM	PB
NB	PS	NS	NB	NB	NB	NM	NB
NM	PS	NS	NB	NM	NM	NS	Z
NS	Z	NS	NM	NM	NS	PS	PS
Z	Z	NS	NS	NS	NS	NS	Z
PS	Z	Z	Z	Z	Z	Z	Z
PM	PM	NS	PS	PS	PS	PS	PB
PB	PB	PM	PM	PM	PM	PM	PB

　　利用模糊控制规则以及输入输出量的隶属函数，可求得模糊关系矩阵。对于控制器每一个输入，可以运用模糊集合的合成运算，推得相对于输入信号的输出模糊信号，然后采用最大隶属度法去模糊化，得到精确的控制量。

1.3.1.3　球磨机给矿模糊控制系统

　　磨机给矿是由磨机状态决定的。磨机工作状态可分为"空腹"、"满负荷"和"胀肚"3 种特征状态，这 3 种特征状态与磨机内矿物充填率正比相关，空腹—半负荷—满负荷—趋近胀肚—胀肚。"空腹"时加矿，"胀肚"时减矿，而"空腹"和"胀肚"均为磨机工作过程的极端状态，是生产过程中应该避免的。能否保证磨机始终运行于"满负荷"状态，是提高磨机效率的关键，也是控制的关键。在磨机给矿控制系统中，系统采用智能磨音频谱分析仪、磨机功率变送器和分级机电流变送器多因素检测和分析磨机工作状态。

　　由于磨矿分级生产过程是一种多参数、时变、非线性、大滞后的生产过程，控制系统采用磨机特征向量音频、功率和分级电流来判断磨机工作状态，而特征向量之间反映磨机状态也相互交叉，对应关系复杂多变，很难建立精确的数学模型进行推算。即使建立了数学模型，对于无法估计的各种随机干扰，也很难处理完善。而模糊控制系统在处理这种复杂多变、关联交叉的过程控制时，有其独特的优势。因此，系统在总结以往的控制经验和控制实践基础上，在磨矿分级自动控制系统的设计思想和控制理论上，融入模糊控制理论，组成FUZZY＋PID 控制策略。磨机音频、磨机功率、分级机电流、分级溢流浓度作为模糊控制器输入，通过模糊控制器来分析磨机工作状态，模糊控制器的输出即为磨机最佳给矿值，该值作为矿量控制 PID 的设定值。控制原理如图 1.11 所示。

　　磨机给矿控制通过核子秤主机将矿量转化为标准信号送至主控机，参照设定给矿量调整摆式给矿机转速，从而控制给矿量。将核子秤测定的矿量瞬时流量值与主控机(PLC)内的给矿设定值进行比较，主控机调节控制超出的过大偏差，并将控制信号输出至变频器，改变摆式给矿机的摆动速度，调节矿量直至

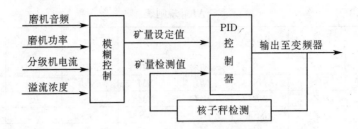

图 1.11　给矿控制原理

消除给矿量偏差，这样连续进行，保证了磨机给矿连续稳定运行。当磨机出现"胀肚"或"空腹"趋势时，模糊控制器自动减少或增大磨机给矿量，使磨机始终处于满负荷状态，杜绝了磨机"胀肚"和"空腹"现象的发生，提高了磨机磨矿效率。

1.3.1.4　磨机磨矿浓度控制系统

磨矿浓度控制是通过控制分级返砂水来实现的。磨矿分级闭路条件下，磨机给矿是由新给矿和返砂量组成的，要控制磨矿浓度，就必须控制返砂水水量。磨机磨矿浓度是提高磨机磨矿效率的又一重要因素：磨矿浓度的大小影响矿浆的比重、矿粒在钢球周围的黏着程度和矿浆的流动性，直接影响到排矿合格粒度的比率，对避免矿石的过粉碎、提高选别指标至关重要。磨矿浓度高，磨机排矿速度慢，降低磨机处理量，易造成矿物过粉碎，影响有用矿物回收；磨矿浓度低，磨机排矿速度快，但排矿粒度大，通过分级后，粗颗粒返回球磨机，造成磨矿分级死循环。磨机排矿中粒级组成是否合理，也直接影响到分级机分级效率和分级溢流粒度合格率。对具体的磨矿分级过程来说，磨矿浓度有一个最佳范围，磨矿浓度过高或过低都不利于磨矿效果，最佳磨矿浓度可以通过矿石性质分析得到。要通过人工操作来达到最佳磨矿指标是很难的，因此，稳定磨矿浓度对于提高球磨机的台时处理能力、保证溢流粒度是极其必要的。

根据生产实践，在给矿及分级溢流粒度稳定的情况下，返砂量的波动不大，因此，只要根据本厂的原矿粒度及矿石特性，标定出正常的返砂比，即可由给矿量及返砂比，按磨矿浓度的要求计算出所需的返砂水量，具体计算公式如下：

$$W_r = Q_g(1/k_m - 1/k_g) + Q_r(1/k_m - 1/k_g)$$
$$= Q_g \times N_1 + C \times Q_g \times N_2$$
$$= Q_g \times (N_1 + CN_2)$$

式中，W_r 为需要的返砂水量；Q_g，Q_r 分别为磨矿机的给矿和返砂量；C 为返砂比；k_m，k_g 及 k_f，k_g 均为常数。计算出的 N_1，N_2 也为常数，因此，如果给矿量恒定，则返砂水量也是恒定的。经过计算得到的返砂水量即是返砂水在一定条件下的返砂水设定值。而此时的最佳磨矿浓度值可以由磨机音频、磨机功率和分级电流经过模糊控制算法得到，这样将返砂水设定值与模糊控制器的输出比较，再经过 PID 整定输出至返砂水电动阀自动调节返砂水量，以达到控制磨矿浓度的目的。控制返砂水的系统原理如图 1.12 所示。

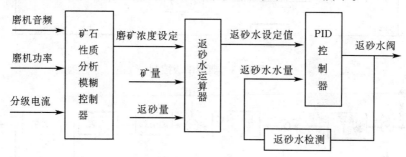

图 1.12　磨矿浓度控制原理

1.3.1.5　磨机二段磨矿浓度整体控制系统

（1）一次磨机浓度控制设计。

磨机磨矿浓度的大小影响矿粒在钢球周围的黏着程度、矿浆的比重及其流动性，直接影响到排矿合格粒度的比率，对避免矿石过粉碎，提高选别指标至关重要。为保证磨机工作效率，应该将磨矿浓度控制在给定指标范围内。单回路控制系统在一般情况下都能满足正常生产的要求。但针对磨机浓度控制，由于其容量滞后、负载和干扰变化比较剧烈和频繁，且工艺对产品质量要求较高，采用单回路控制方法就不太有效。

为此，针对磨矿系统的特点，采用控制性能更好的串级控制系统，通过两个控制器的串联工作，有效地解决了磨矿系统中的干扰问题。下面将详细介绍串级控制系统及其在磨矿控制系统中的应用。

串级控制系统是由两个或两个以上的调节器串级组成，其中前一个调节器的输出作为后一个调节系统的给定值，串级控制系统由主回路和副回路组成。主被控参数是串级控制系统的控制目标，副被控参数是为保证控制目标更加稳定所需要的辅助参数。如图 1.13 所示为典型的串级控制。

一次磨机浓度无法直接检测，依据图 1.13 所示关系，将由磨音、磨机功率所确定的浓度参考为一次磨机浓度检测值。一次磨机浓度控制采用串级结构，如图 1.14 所示。

如前所述，串级系统对于进入副回路的干扰具有较强的克服能力。副回路改善了对象的动态特性，提高了系统的灵敏度，改善了调节质量，在一定的范围内具有自适应能力。针对磨矿这一典型的复杂系统，磨矿系统采用串级控制，能获得较为明显的控制效果。

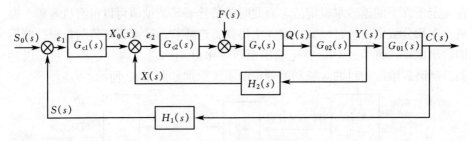

图 1.13　典型串级控制

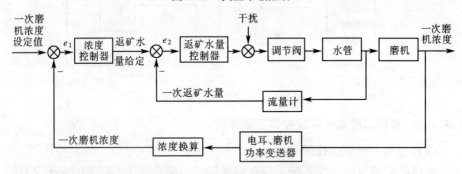

图 1.14　一次磨机浓度控制

① 系统内存在一些变化剧烈、幅值很大的干扰，将这些干扰纳入副回路，采用串级调节系统能显著提高系统的抗干扰能力。如磨矿过程中生产用水的水压往往变化很大，此时若采用简单调节系统对段分级溢流浓度进行控制，调节质量一般较差，若采用如图 1.14 所示的串级调节系统，把剧烈变化的水压纳入副回路，就能显著改善调节质量。

② 磨机回路中，球磨机和螺旋分级机都具有容量滞后，且整个过程的滞后时间较长。对于这种容量滞后较大的对象，若采用简单调节系统，则调节时间长，超调量大，调节质量不能满足要求。采用串级系统，选择一个滞后时间较小的辅助参数组成副回路，就能缩小等效对象的时间常数，提高系统灵敏度，改善调节质量。

③ 在磨机控制系统中，有些被调量需要随另一被调量的状况而改变，这时需要采用串级调节系统。例如在磨矿过程中，一段球磨机的给矿量应根据最终产品的粒度及磨机的工作状况而改变，给矿量是一个随机值。这时，需要设计一个以矿浆粒度为主参数、以磨机工作状态为副参数的串级调节系统，才能完成上述自动调节的任务。

④ 对于过程滞后时间较大，采用串级调节系统能减轻纯滞后的不利影响，一定程度上改善调节质量。磨矿过程由于工艺复杂，设备具有容性滞后，从给矿开始到二次溢流后时间约 30min，一般调节系统往往难以达到有效的调节效

果。采用串级调节系统，以控制目标粒度为主参数，设计多个副调节回路，这样过程中的干扰在调节通道短、滞后小的副回路中及早克服，减轻干扰对主参数的扰动，在一定程度上可以改善调节质量。

⑤ 采用串级调节系统可以克服对象的非线性的影响。在磨矿系统中对象的输出(被控变量)和输入(调节变量)之间存在较大的非线性关系，且该非线性又随负荷及负荷特性(如矿石性质)的变化而变化。若只是简单地调节系统，不能得到满意的调节质量。因为调节器参数的整定值应与对象的动态特性相适应，在非线性对象中，当负荷变化时，对象的动态特性也发生变化，此时调节器的参数也应作相应的改变才能使调节变量适应对象的非线性变化。当负荷变化频繁时，简单地调节系统，调节质量不稳定(当负荷处在参数的整定范围内时，调节质量较好，负荷超出此范围后，效果不佳)。若采用串级调节系统，由于它具有一定的自适应能力，再配合高级控制算法，在负荷变化引起工作点改变时，主回路的输出会重新调整副回路的给定值，使得调节变量与被调量之间的关系随对象非线性变化而变化。所以即使负荷变化较大时，调节质量也会比较稳定。

(2) 一次磨机变比值控制系统。

在上述一次磨机浓度控制中，通过把加水控制纳入到串级副环控制，有效地解决了水压变化给球磨机浓度带来的干扰。但在磨矿过程中，一段球磨机的给矿量应根据最终产品的粒度及磨机的工作状况而改变，给矿量是一个随机值。给矿量的改变必然导致一次球磨机的浓度发生变化。另外，在生产过程中，除给矿外，分级机还有返矿。分级机返矿接近干矿，须由返矿水冲刷才能进入一次磨机再磨。返矿水和给矿都是影响一次磨机浓度的重要因素。

由于给矿量的变化最终受二次磨机溢流粒度影响，若仅以固定比值进行给水控制，难以保证球磨机浓度，甚至会造成磨机"胀肚"，影响设备正常运行。所以，磨矿系统要求矿和水两种物料流量的比值要随浓度的变化而变化，可以采用变比值控制方案。

变比值控制系统是一种以第三参数或称主参数(质量指标)、以两个流量比为副参数所组成的串级控制系统。若只考虑给矿量控制或返矿水控制，其流量之间实现一定比例的目的仅仅是保证产品质量的一种手段，而定比值控制的各种方案只考虑如何来实现这种比值关系，而没有考虑成比例的两种物料混合或反应后的最终质量(球磨机浓度)是否符合工艺要求。因此，从最终质量看这种定比值方案，系统是开环的。在变比值控制系统中，流量比值只是一种控制手段，不是最终目的，而第三参数(浓度)才是产品质量指标。

系统工作时，按当前给矿量比例控制给水。在给水管路上安装电动阀和流量计，构成给水闭环控制。当浓度发生变化时，浓度控制器的输出将修改比例

系数 K，从而修改了给水闭环的给定值，给水闭环及时调节给水量，保证浓度相对稳定。控制框图如图 1.15 所示。

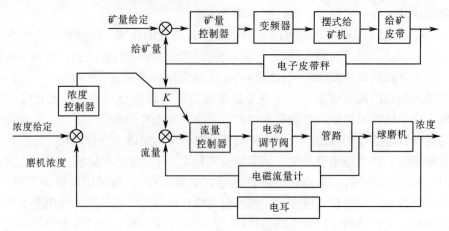

图 1.15　一次磨机变比值控制

（3）二次磨机浓度控制。

二次磨机浓度不仅影响磨机效率，还直接影响二次分级溢流粒度，因此二次磨机浓度控制是实现粒度稳定控制的重要手段。

影响二次磨机浓度的因素有：二次分级溢流浓度、二次分级返砂量和二次分级返矿水量。

在现场，二次分级溢流浓度控制稳定，二次分级返砂量也基本稳定，故二次分级返矿水量是影响二次磨机浓度的主要因素。二次磨机浓度也无法直接检测，由磨音、磨机功率所确定的浓度参考值作为二次磨机浓度检测值。

系统采用类似一次磨机浓度控制的串级控制方式，控制框图如图 1.16 所示。

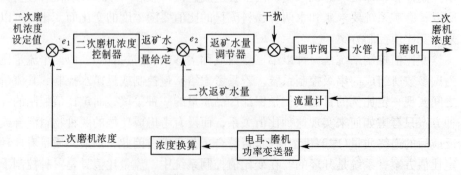

图 1.16　二次磨机浓度控制

值得注意的是，在调节二次磨机浓度的过程中，调节返矿水后，同时会影响二次溢流粒度。由于磨机浓度有一个较宽松的指标，因此，在调节过程中应以粒度调节为主,将磨机浓度稳定在一定范围即可,不要求实现精确的定值控制。

(4) 二次磨机溢流粒度控制。

高质量的二次分级溢流粒度控制是磨矿控制最主要的目标。而二次溢流浓度过低会导致浮选药剂不起泡,因此在保证粒度稳定的同时,还必须使二次溢流浓度稳定在一定的范围内。

由于溢流粒度和溢流冲洗水、磨机填充率等变量存在非线性和不确定性关系,一般控制方式控制难度较大,考虑采用对被控对象参数、结构变化适应能力强的智能控制方式。

在长期生产过程中,操作人员积累了一套操作经验并记录了大量的生产数据,一般的自动控制系统不能完全地利用这些经验和数据,但是模糊控制可以实现。模糊控制是以模糊集合论、模糊语言变量和模糊推理为基础的计算机控制。采用模糊理论,总结人们对系统的操作和控制经验,用模糊语言条件语句写出控制规律,再用算法语言来编写程序,按此程序对生产过程进行自动控制。

经过对这些操作经验进行总结和对数据进行分析,利用模糊智能控制技术设计了粒度模糊控制器,有效地提高了控制精度。控制系统原理如图 1.17 所示。

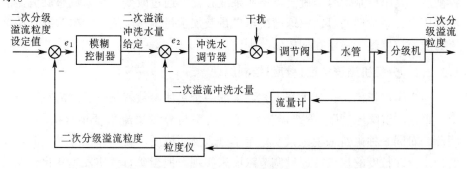

图 1.17　粒度模糊控制系统

1.3.2　旋流器优化控制

旋流器具有体积小、易于维护、分级效率高等特点,但其分级效率受给矿压力、给矿浓度、给矿流量的影响很大,旋流器自动化控制系统对旋流器给矿压力、给矿浓度、给矿流量及泵池液位进行检测,通过控制泵池补加水和变频调速给矿泵,实现旋流器给矿浓度、给矿压力和泵池液位的优化控制。旋流器的控制是一个复杂的控制过程,主要体现在 3 个方面。

① 泵池液位、给矿浓度、给矿压力任一因素发生变化,均会导致旋流器原有控制平衡被破坏。

② 给矿浓度、给矿压力均影响旋流器溢流粒度指标，当溢流粒度指标发生变化时，无论调节给矿浓度还是调节给矿压力(往往是同时调节)，调节幅度均无法精确定义。

③ 由于磨矿生产工艺过程的时变性和不确定性，导致旋流器各工艺参数的时变性和不确定性。如果采用单纯的 PID 控制方式(浓度不合适就控制浓度，压力不合适就控制压力)来控制旋流器，不仅达不到控制效果，还会造成生产混乱。

控制系统将检测到的旋流器溢流粒度、给矿浓度、给矿压力及矿浆池液位的信号作为旋流器模糊控制器输入，模糊控制器经过模糊运算和模糊推理，并根据推理结果，给出一种适合此时旋流器工作的控制方案，完成旋流器的自动寻优控制，既不抽空也不跑冒，保证旋流器溢流粒度，提高旋流器分级效率，使整个系统稳定高效地运行。

旋流器的溢流粒度是磨矿生产最为关键的质量指标，必须在保证旋流器溢流粒度合格的前提下，实现磨机给矿的最大化或最优化。旋流器的给矿压力和给矿浓度直接影响旋流器溢流粒度，而磨机给矿量、给水量等又影响给矿浓度。因此，当旋流器溢流粒度波动时，专家控制系统对采集到的相关信息进行权衡后，发出控制信号至旋流器给矿泵变频器，通过改变频率来调整旋流器的给矿压力，系统还通过调整球磨机给矿量及加水量调整旋流器给矿浓度，使旋流器溢流粒度逐步稳定在期望值范围内。

1.3.2.1　分级机溢流浓度(粒度)控制原理

稳定生产指标，达到生产工艺要求的一个具体参数就是分级溢流粒度合格率。根据"沉降原理"，分级溢流粒度合格率与分级溢流浓度是直接相关的。因此，对同一种矿石来说，只要稳定了分级溢流浓度，就能保证分级溢流粒度的稳定，即粒度的控制需通过调节浓度来实现。但当矿石性质发生变化，尤其是矿石比重(品位)发生变化时，浓度-粒度对应曲线会发生变化。因此，矿石性质不一样，要求同样的粒度，而溢流浓度可以不同。控制系统通过矿石性质分析，对溢流浓度设定进行修正。

对于分级机来说，在分级机工作参数确定的条件下，分级机溢流浓度主要受磨机排矿水量、排矿量和排矿浓度的影响。排矿浓度和排矿量可由磨机给矿量、分级返砂量和返砂水计算得出。在这一环节中，由于排矿水直接影响分级机的返砂量，所以排矿水的调节要考虑各参数的协调。根据分级机溢流浓度计的检测确定配水。根据原矿的性质，给定溢流浓度设定值，将溢流浓度计的检测值与设定值进行比较，根据比较偏差的大小，调节排矿水增减量的大小，始终使溢流浓度的检测值维持在浓度设定值的偏差范围内，从而达到控制溢流浓度的目的。分级溢流浓度控制原理如图 1.18 所示。

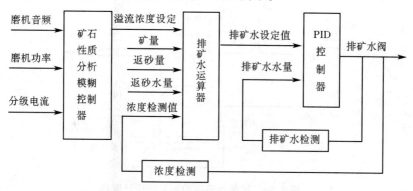

图 1.18　分级溢流浓度控制原理

分级机返砂量取决于分级溢流粒度要求及返砂比，通过对分级溢流粒度、分级机功率的检测，可以在数据上得到返砂量大小变化的趋势，根据这一趋势，在稳定分级溢流粒度的前提下，自动调节排矿水，尽可能地保证返砂量。在软件设计上，这一环节的控制需要与球磨机控制相互联锁以便保证球磨机的磨矿效果。

1.3.2.2　矿浆池液面控制

① 对于旋流器分级回路，泵池液面是关键的工艺参数之一，液面的高度是影响旋流器给矿压力的主要因素，液面太低，造成旋流器"喘气"现象，严重影响操作工艺的稳定性和分级效果。液面太高可能会造成矿浆溢出泵池，导致操作工艺事故。故本系统采用变频调速器来对砂泵进行控制，采用超声波液位传感器检测矿浆液面。当液面发生变化时，传感器测得的信号经过组态王处理后，传输给变频调速器，用来控制砂泵转速，降低或升高液面高度，调节矿浆给入流速及压力。控制系统如图 1.19 所示。

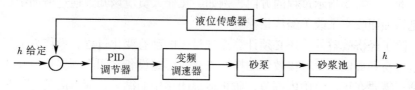

图 1.19　矿浆池液面控制原理

② 设计原理。如图 1.20 所示，砂泵由变频器驱动，液位传感器检测矿浆池液位高度，并将高度变成一个 4～20mADC 的检测信号输入到上位机中。该信号作为反馈信号与设定高度对应的电信号进行比较，经过 PID 运算后转化为 0～5V 电信号，进而改变砂泵电动机的转速。由于砂泵排出的矿浆量与转速成正比关系，因此调节变频器的频率可以调节砂泵的转速，从而达到控制矿

浆池液位的目的，实现闭环控制。

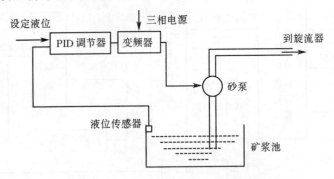

图 1.20　矿浆池液面控制系统设计原理

1.3.3　浮选过程优化控制

　　浮选过程自动化控制也是选矿工艺过程中的重要环节，影响浮选过程的变量很多而且相互间有很强的影响，各种测量和控制信号被连续处理，这些信号大多数来自 X 射线在线分析结果。

　　高级的浮选控制过程的开发需要分析数据和专门的软件工具。海汇浮选专家系统是一个集成的控制软件包，它连接标准仪表、分析仪和先进的过程研究软件而进行操作，它能同海汇磨矿专家系统一起用于完成基础自动化控制，主要控制浮选槽空气、液位和药剂的添加量，补偿过程干扰和去除累计循环负荷，维护所有浮选设备稳定在最佳经济运行状态下。

　　通常，浮选操作人员在过程中有经济指标，例如改变一个浮选机液位给定点会影响尾矿中的损失，产品的精矿价格以及下面作业的指标。如果改变加药则药剂成本就要变化，操作人员需要按照实际的在线数据进行经济的选择，所有这些因素都将影响成本控制，对不同的影响找到经济运行的最佳优化控制指标。此外，需要指示过程的方向，例如，操作人员应该知道通过增加精矿品位还是增加回收率来改善经济指标。

　　除了经济效益外，还必须计算浮选过程的动态变化过程，操作人员经常选择最容易和最能产生直接效果的操作方式，但是设备之间必须保持内在矿量的平衡，需要在正确范围内调节，防止造成闭路中的循环负荷，应及时计算给矿品位的变化以产生一致的精矿质量。

　　在适量加药中，改变给药的比率经常设定在最坏的情况下的数值，它比平均条件下有相当大的安全系数，此外加药剂成本经常导致浮选的选择性丢失。

　　（1）浮选槽矿浆液位控制系统。在浮选生产过程中，精矿质量、金属回收率等指标与浮选槽液面的高低有很大的关系。因此调整合适的矿浆液位是提高选矿指标的重要环节。

浮选槽液位控制系统，由浮球液位计检测出的液位信号与设定进行比较，再经调节单元根据其偏差进行 PID 运算输出控制信号控制浮选槽排矿闸门高度，构成单回路调节系统控制浮选槽液位。

（2）矿浆搅拌槽温度控制系统。在浮选过程中矿浆温度同样对精矿质量有很大影响，因此，将矿浆温度控制在合适的范围内，是浮选过程中的重要环节之一，采用单回路定值调节系统即可。调节单元根据热电阻测得的槽内矿浆温度值与设定值比较得到的偏差值进行 PID 运算，输出控制信号控制蒸汽调节阀开度，从而控制蒸汽加入量，将槽内矿浆温度稳定在期望值。

（3）浮选药剂控制系统。药剂的添加对选矿过程的选别指标(例如产品质量、精矿回收率、经济效益等)有直接影响。因此，按实际需要对药剂添加量进行控制是非常重要的。在浮选生产中，实现选矿自动化的关键是首先实现药剂添加量的自动控制。

控制系统根据进入矿浆分配器内的干矿量，按一定比例算出需要添加的各种药剂的量，以此作为各调节回路的设定值，同时，检测出各种药剂的实际添加量，并与设定值进行比较，调节单元根据偏差进行 PID 运算，输出控制信号控制加药泵的速度，从而调节各种药剂的加入量，使其符合实际需要的剂量。

（4）药剂制备加水控制系统。先是人工加药，再根据人工加药的质量确定各种药剂的加水量(设定量)，然后开启阀门，测量各加水量，当实际加水量达到设定量时，自动关闭加水阀门，完成药剂的制备。

（5）精矿品位和回收率的预测模型。浮选流程较长，影响最终产品质量和回收率的因素太多，所以仅就关键参数进行研究。建立的是一个 MIMO 反浮选技术经济指标预测模型，预测经济技术指标是精矿品位和浮选回收率，系统的输入就是要选择的辅助变量。根据对反浮选过程机理的分析，不难得到对被控变量有重大影响的几个系统输入变量：给矿品位、给矿流量、给矿粒度、给矿浓度、精矿品位和浮选回收率。目标就是首先建立对精矿品位和浮选回收率的 5 输入 2 输出的多变量统计过程预测模型，为了使样本数据更具代表性，本次取样采用随机断续采样法，共取得原始数据 448 组。原始数据的统计特性如表 1.4 所示。

表 1.4　　　　　　　　　　原始数据的统计特性

变量	给矿品位 /%	给矿浓度 /%	给矿粒度 /74μm	给矿流量 / (m³/h)	精矿品位 /%	药剂流量 / (L/min)	回收率 /%
最大值	67.72	41.00	97.00	367.00	71.36	21.00	1.00
最小值	59.90	26.00	80.00	149.00	68.00	3.60	0.88
中 值	64.16	35.00	92.00	301.50	69.15	9.50	0.94
平均值	64.00	35.23	91.56	291.78	69.24	9.55	0.94
标准偏差	1.57	1.88	2.58	33.01	0.84	2.53	0.02

浮选过程的精矿品位和浮选回收率与矿浆浓度、原矿性质及药剂用量有直接关系，本书以给矿品位、给矿流量、给矿浓度、给矿粒度和药剂流量为模型输入，以输出精矿品位和作业回收率为模型的输出，建立浮选控制系统的经济技术指标预测模型，该模型的结构如图1.21所示。

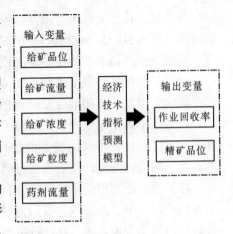

图 1.21　经济技术指标预测模型结构

为了提高经济技术指标预测模型的精确性和进一步降低系统弱非线性的影响，本书根据对历史数据聚类的结果，根据给矿品位将样本数据分为五个区间，如图1.22所示。

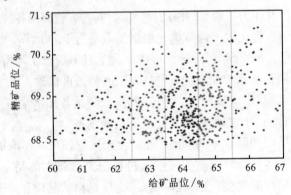

图 1.22　样本数据的划分

首先将样本数据进行数据标准化处理，即将每个变量的均值减掉，然后除以它的标准差，得到标准化矩阵，然后根据 PCA 的要求，对标准化后的样本数据(5 个分区)进行主元分析。预测模型输入变量的不同主元个数的累计贡献率如表 1.5 所示。

表 1.5　　　　预测模型的输入变量的不同主元个数的累计贡献率

主元个数	累计方差百分比/%				
	分区 1	分区 2	分区 3	分区 4	分区 5
1	37.73	40.08	38.24	37.70	53.79
2	73.15	66.53	67.76	64.96	73.70
3	87.10	86.11	85.14	84.75	89.06
4	95.53	99.01	98.84	98.73	97.72
5	100	100	100	100	100

过程正常运行的 PCA 模型中的主元个数，采用累计贡献率方法来确定，从表 1.5 中可以看出，选取前 4 个主元均能解释 90% 以上的数据变化，但因为本系统所涉及的过程变量较少，因此仍然以 5 个主元来建立主元模型。

如图 1.23 所示为预测模型输入变量的主元对数据变化的解释(分区 1-5)。

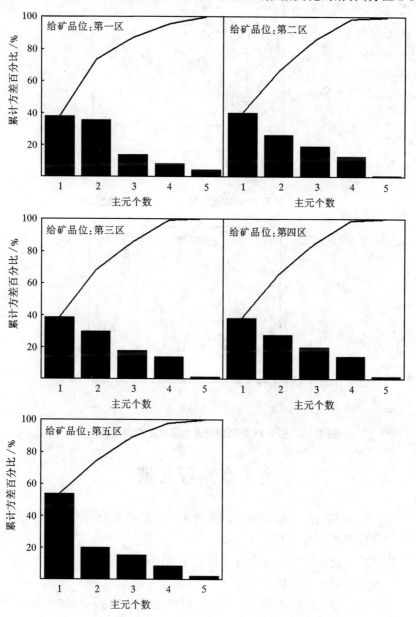

图 1.23　预测模型输入变量的主元对数据变化的解释(分区 1～5)

用建模样本数据进行 PCR 多元统计投影回归计算。如图 1.24 和图 1.25 所示为精矿品位和浮选回收率基于主元回归模型的预报值与验证数据实际值的对比图。

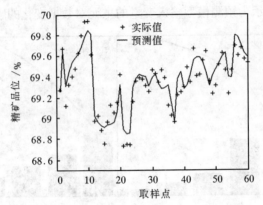

图 1.24　基于 PCR 模型的精矿品位预测仿真结果

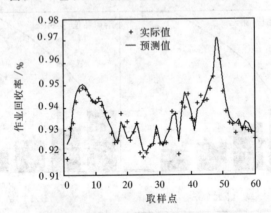

图 1.25　基于 PCR 模型的作业回收率预测仿真结果

第 1 章参考文献

[1]　陈夕松，顾新艳，等. 磨矿二段球磨浓度前馈串级复合控制系统的设计[J]. 自动化仪表，2004(12)：62-64.

[2]　崔学茹. 选矿厂磨矿分级自动化控制系统设计与应用[D]. 北京：北方工业大学，2008：15-17.

[3]　李友善，等. 模糊控制理论及其在过程控制中的应用[M]. 北京：国防工业出版社，1993.

[4]　何晓峰. 磨矿过程综合自动化系统研究及应用[D]. 南京：东南大学，

2006，4：15-18.

[5]　　李士勇. 模糊控制，神经控制和智能控制论[M]. 哈尔滨：哈尔滨工业
　　　　大学出版社. 1996.

[6]　　陈夕松，王露露，等. 选矿过程球磨自动控制系统设计[J]. 电气自动
　　　　化，2004，26(4)：63-64.

[7]　　李启衡. 碎矿与磨矿[M]. 北京：冶金工业出版社，1995.

[8]　　崔学茹. 模糊控制理论在磨矿分级生产过程自动控制中的应用[J]. 矿
　　　　业工程，2009(2).

[9]　　段希祥，曹亦俊. 球磨机介质工作理论与实践[M]. 北京：冶金工业出
　　　　版社，1998.

[10]　　张勇，王峰，潘学军，等. 粗糙集理论在阳离子反浮选控制中的应用
　　　　[J]. 中南工业大学学报，2003，34(4)：368-372.

[11]　　郝丽娜. 粗糙集—神经网络智能混合系统及其工程应用[D]. 沈阳：
　　　　东北大学，2001.

[12]　　周俊武，孙传尧，王福利. 基于RBF网络的浮选过程药剂用量智能咨
　　　　询系统的研究[J]. 有色金属，2002，54(2)：66-69.

[13]　　曾荣，沃国经. 图像处理技术在浮选过程中的应用[J]. 有色金属，
　　　　2001，53(4)：70-72.

[14]　　赵静. 基于MCGS下的旋流器自动控制系统[D]. 昆明：昆明理工大
　　　　学，2006.

[15]　　李金标. 旋流器分级磨矿回路测控系统[J]. 矿产综合利用，2001(6)：
　　　　44-46.

[16]　　张景胜. 选矿生产过程的计算机控制系统改造及优化[D]. 南京：南
　　　　京理工大学，2004.

[17]　　吴海宝. 磨矿分级控制算法研究[D]. 昆明：昆明理工大学，2007.

第2章 烧结生产自动化技术

钢铁工业需要大量铁矿石，经长时间开采，天然富矿越来越少，高炉不得不使用大量贫矿，但贫矿直接入炉，无论是经济上还是操作上都是不合适的，必须经过选矿才能使用。但贫矿富选后得到的精矿粉以及富矿加工过程中产生的富矿粉都不能直接入炉冶炼，必须将其重新造成块，常用造块方法有烧结和球团，而烧结是最重要的造块方法。所谓烧结就是在粉状铁物料中配入适当数量的熔剂和燃料，在烧结机上点火燃烧，借助燃料燃烧的高温作用产生一定数量的液相，把其他未熔化的烧结料颗粒粘结起来，冷却后成为多孔质块矿。

烧结系统包括燃料准备、配料、混合、烧结、冷却、整粒筛分、成品烧结矿输出等工艺过程及相关辅助设施。

2.1 烧结生产工艺

2.1.1 烧结生产工艺流程

烧结生产工艺是指根据原料特性所选择的加工程序和烧结工艺制度。它对烧结生产的产量和质量有着直接而重要的影响。合理的烧结工艺应根据具体的原燃料条件和对产品质量的要求，按照烧结过程的内在规律，确定合适的生产工艺流程和操作制度，并充分利用现代科学技术成果，强化烧结生产过程，以保证在较低的管理费用和正确的操作条件下获得先进的技术经济指标，实现高产、优质、低耗的目的。

烧结生产工艺流程由原料的接受、贮存和中和，熔剂、燃料的破碎、筛分，配料、混合料的制备，烧结，烧结产成品的处理以及烧结过程的除尘等环节组成。现代烧结生产工艺流程如图 2.1 所示。

烧结生产的程序是：将准备好的矿粉、燃料和熔剂，按一定的比例配料，然后再配入一部分烧结机尾筛分的返矿，送到混合机混匀和造球。混好的料由布料器铺到烧结机台车上点火烧结。烧成的烧结矿，经破碎机破碎以及筛子筛分后，筛上物进行冷却和整粒，作为成品烧结矿送往高炉。筛下物为返矿，返矿配入混合料重新烧结。烧结过程产生的废气经除尘器除尘后，由风机抽入烟囱，排入大气。

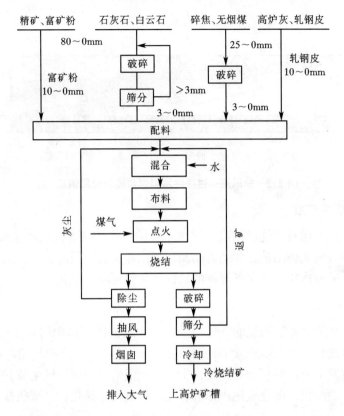

图 2.1 现代烧结生产工艺流程

2.1.2 抽风烧结过程

抽风烧结是将准备好的含铁原料、燃料、熔剂经混匀制粒，通过布料器布到烧结台车上，随后点火器在料面点火，点火的同时开始抽风，在台车炉箅下形成一定负压，空气则自上而下通过烧结料层进入下面的风箱。随着料层表面燃料的燃烧，燃烧带逐渐向下移动，当燃烧带到达炉箅时，烧结过程即告终结。烧结过程是复杂的物理化学反应的综合过程。在烧结过程中进行着燃料的燃烧和热交换，水分的蒸发和冷凝，碳酸盐和硫化物的分解和挥发，铁矿石的氧化和还原反应，有害杂质的去除，以及粉料的软化熔融和冷却结晶等，最后得到外观多孔的块状烧结矿。由于烧结过程是由料层表面开始逐渐向下进行的，因而沿料层高度方向有明显的分层性，按照烧结料层中温度的变化和烧结过程中所发生的物理化学反应，烧结料层可分为 5 个带(或 5 层)，如图 2.2 所示。点火后，从上往下依次出现烧结矿层、燃烧层、预热层、干燥层和过湿层。这些反应随着烧结过程的发展而逐步下移，在到达炉箅后才依次消失，最后全部变为烧结矿层。

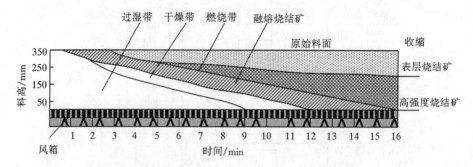

图 2.2　抽风烧结过程中沿料层高度的分层情况

2.1.2.1　烧结矿层

烧结矿层中燃料燃烧已结束，形成多孔的烧结矿饼。此层的主要变化是，高温熔融物凝固成烧结矿，伴随着结晶和析出新矿物。同时，抽入的冷空气被预热，烧结矿被冷却，与空气接触的低价氧化物可能被氧化。

2.1.2.2　燃烧层

燃烧层被烧结矿层预热的空气进入此层，与固体炭接触时发生燃烧反应，放出大量的热，产生 1300～1500℃的高温，形成一定成分的气相。在此条件下，料层中发生一系列复杂的变化，主要有：低熔点物质继续生成并熔化，形成一定数量的液相，部分氧化物分解、还原、氧化，硫化物、硫酸盐、碳酸盐分解等。

由于从固体燃料着火(约 700℃左右)到燃烧完毕需要一定的时间，故燃烧层有一定厚度，一般为 15～50mm。因燃烧层出现液相熔融物，并有很高的温度，故对烧结过程有多方面的影响。其中，影响最大的是料层的透气性。燃烧层透气性很差，对气流的阻力最大，其影响程度与该层厚度和温度水平有关。从改善透气性出发，要求燃烧层薄一些好。

2.1.2.3　预热层

紧邻燃烧层已经干燥的烧结料，受到来自燃烧层产生的高温废气的加热作用，温度很快升高到接近固体燃料燃点，从而形成预热层。由于热交换很剧烈，废气温度很快降低，故此层很薄，其所处的高温为 150～700℃。该层发生的主要变化有：部分结晶水、硫酸盐的分解，硫化物、高价铁氧化物的分解、氧化，部分铁氧化物的还原以及固相反应等。

2.1.2.4　干燥层

从预热层下来的废气将烧结料加热，料层中的游离水迅速蒸发。由于湿料的导热性好，料温很快升高到100℃以上，水分完全蒸发需要温度达到120～150℃。

由于升温速度太快，干燥层和预热层很难截然分开，故有时候又统称干燥预热层，其厚度只有 20～40mm，它们对烧结过程有影响，混合料中料球的热稳定性不好时，会在剧烈升温和水分蒸发过程中产生炸裂现象，影响料层透气性。

2.1.2.5　过湿层

从干燥层出来的废气中含有大量水气，若原始料温较低，废气与冷料接触时，其温度降到与之相应的露点以下，则水蒸气重新凝结下来，使烧结矿的含水量超过适宜值而形成过湿层。水蒸气冷凝，使得料层的透气性大大恶化，对烧结过程产生很大的影响。所以，必须采取措施减少或消除过湿层出现。

烧结工艺起源于英国和瑞典，当时主要用烧结锅生产烧结矿，其后又发明了很多造块方法，其中 A. S. Dwight，R. L. Lboyd 工作组的带式抽风机(即 DL 烧结机)最为成功，目前世界各国 90％以上的烧结矿都是由这种烧结机生产的。

DL 烧结机主要流程如图 2.3 所示，将铁矿粉、熔剂和燃料按一定配比，

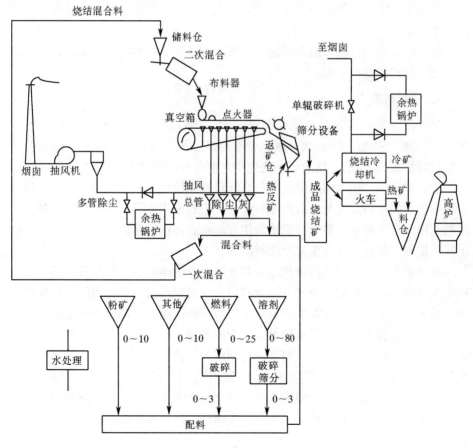

图 2.3　烧结工艺流程

并加入一定的返矿以改善透气性，配好的原料按一定配比加水混合，送给料槽，然后到烧结机，由点火炉点火，使表面烧结，烟气由抽风机自上而下抽走，在台车移动过程中，烧结自上而下进行。当台车移动接近末端时，烧结终了，在大型烧结机上，为了保持表层温度和防止急冷，采用延长点火炉或放置保温炉，烧结完了的烧结块由机尾落下，经破碎成适当块度，筛分和冷却，筛上物送高炉，筛下物作为返矿和铺底重新烧结。

2.1.3　烧结生产的主要工艺设备

2.1.3.1　燃料破碎室

烧结所用燃料为粒度 0～20mm 的焦粉，采用一段开路破碎流程。燃料破碎室设三个破碎系列，每个系列能力为 35t/h，采用两个系列生产，一个系列备用。

从转运站转运来的燃料由胶带机运至燃料破碎室顶部，经由移动可逆胶带机送至分配仓，贮存时间为 27h。每个分配仓下设有给料闸门、给料胶带机和电磁除铁器，分别将燃料给至四辊破碎机进行破碎，破碎后 3～0mm 合格燃料送至配料室燃料配料矿槽。

2.1.3.2　配料室

配料室为单列式布置，设有配料矿槽，排列顺序(沿集料胶带机运行方向)：混匀矿、燃料、生石灰、灰尘、冷返矿及高炉返矿。除冷返矿外，各槽贮存时间都在 8h 以上，均满足工艺生产对贮存时间的要求。

混匀矿采用移动可逆胶带机向各自配料矿槽给料。采用气动输送方式将密封罐车运来的生石灰送至生石灰配料矿槽。燃料采用固定可逆胶带机向各自的配料矿槽给料。高炉返矿和冷返矿采用胶带机直接向各自的配料矿槽给料。除尘灰采用气力输送方式送至灰尘配料矿槽。

混匀矿采用定量圆盘给料机、胶带配料秤作为给料和配料设备，圆盘给料机变频调速，燃料采用棒条阀、给料闸门、胶带定量给料机作为给料和配料设备，胶带定量给料机变频调速，返矿采用插板阀、给料闸门、胶带定量给料机作为给料和配料设备，胶带定量给料机变频调速，生石灰采用细灰闸门、刚性回转给料机、胶带配料秤、配消器进行配料和消化，回转给料机变频调速。消化用 80℃ 热水。除尘灰采用细灰闸门、刚性回转给料机、胶带配料秤、加湿机进行配料和加湿，回转给料机变频调速。各种物料均按配料比例定量给出，实现自动配料。各配料矿槽均采用称重式结构，以实现矿槽料位管理，稳定配料。

2.1.3.3　一次混合

设置圆筒混合机，安装角度为 2.5°，混合时间为 2.44min，填充率为 12.07%。采用露天式布置，交料为直入式。

2.1.3.4　二次混合

设置圆筒混合机，安装角度为 2.25°，混合时间为 3.06min，填充率为 9.25%。采用露天式布置，交料为直入式。

两次混合的总混合时间达到 5.5min。一、二次混合机均采取添加热水预热混合料措施。

2.1.3.5　烧结室

混合料由胶带机运输至烧结室，设置梭式布料器，将混合料给至烧结机混合料矿槽。矿槽下设圆辊给料机，圆辊给料机采用交流电机传动，变频调速，并设有清扫粘料装置，其下设有九辊布料器和松料器。

铺底料从成品烧结矿筛分室经胶带机送至烧结室，经转运后送至烧结机的铺底料矿槽。

混合料矿槽和铺底料矿槽均设置压力称重传感器式料位装置。

先由铺底料摆动漏斗布上粒度为 10～20mm 的铺底料，厚度约 20～40mm，而后由九辊布料器将混合料布到烧结机台车上，经点火炉点火后开始烧结。烧结机尾部设置的单齿辊破碎机，其主轴为水冷结构，设有 16 排齿，每排 3 齿，算条间隙为 160mm，在齿冠和算条的磨损部位均堆焊耐磨衬。

经单齿辊破碎机破碎后的烧结饼，直接给入鼓风环式冷却机给料斗。由于不设置热筛，减少了事故环节，但增加了鼓风环式冷却机的冷却物料量和细颗粒比例。在鼓风环式冷却机设计和冷却风机选择中考虑这些不利因素。配置鼓风环式冷却机，与烧结机面积比为 1.15 倍，料层厚度 1500mm。鼓风环式冷却机配置离心风机，冷却风量和负压都适当增加，在其进风口设置消声器。

在鼓风环式冷却机第一冷却段设置废气余热回收罩和管道，将热废气送至余热回收系统，采用余热锅炉生产蒸汽。

烧结机小格散料用胶带机送至冷却后的烧结矿运输系统，以回收这部分烧结矿。

烧结机为双侧风箱，设置二个降尘管。降尘管灰尘经双层卸灰阀卸至灰尘胶带机上，送至冷返矿运输系统。

2.1.3.6　主电除尘器

配置双室四电场高效电除尘器，对烧结烟气进行净化。该电除尘器特别适用于比电阻高的粉尘，特别是比电阻高的烧结粉尘。由于阴极结构好，布置合理,电场均匀,收尘效率高。粉尘排放浓度不大于 $50mg/m^3$。

主电除尘器收集的灰尘采用气力输送方式送至配料室灰尘配料矿槽。

2.1.3.7　主抽风机室

配置烧结主抽风机,单台主抽风机风量为 $18000m^3/min$,负压为 $16.5kPa$。在其出口设有消音器,外壳设置隔音层,以减少对周围环境的噪声污染。

设置 1 座钢筋混凝土烟囱,将经主电除尘器净化后,达到环保要求的烧结烟气排入大气。

2.1.3.8　成品烧结矿筛分室

成品烧结矿筛分室设置两个筛分系列,一个系列生产,一个系列备用。筛分设备全部选用椭圆形等厚振动筛,三轴驱动,设有二次减震架和阻尼装置。一次筛前设有阶梯式给料漏斗。

每个系列由二台振动筛组成,采用串联布置形式。一次筛分采用振动筛的筛孔尺寸为 5mm,筛下小于 5mm 的粒级为冷返矿,经转运至配料室冷返矿配料矿槽。二次筛分采用的振动筛分为两段,筛孔尺寸分别为 10mm 和 20mm,一段筛下 5～10mm 的小粒级烧结矿与由溢流溜槽给出的过剩的铺底料一同进入成品烧结矿运输系统。二段筛下 10～20mm 的粒级为铺底料,转运至烧结室铺底料矿槽,筛上大于 20mm 粒级烧结矿进入成品烧结矿运输系统。

铺底料溢流系统设有电液动平板阀,可以实现铺底料溢流的自动控制。

2.1.3.9　其他

转运站设有烧结矿落地矿槽,在事故情况下可以将成品烧结矿用汽车运往料场储存。

2.1.3.10　辅助生产设施

除尘系统:设置配料布袋除尘系统、燃料布袋除尘系统、机尾电-袋除尘系统、整粒-电袋除尘系统。

供配电系统:设置主控楼、主电除尘器变电所、配料变电所及机尾除尘变电所。

给排水系统:联合水泵站。

热力系统:余热锅炉、配汽间及水处理间等。

2.2　烧结生产的基础自动化

生产的工艺流程包括:原燃料的接受、贮存,熔剂、燃料的准备,配料,混合，制粒，布料，点火烧结，热矿破碎，热矿冷却，冷矿筛分，铺底料、成品烧结矿及返矿的贮存、运输等工艺环节。

2.2.1 烧结生产基础自动化

烧结生产基础自动化主要包括：检测仪表及自动控制；电气传动及其自动控制；人机接口，包括各类监控画面、数据记录及各种操作。

我国通用的烧结机规格为：$13m^2$，$18m^2$，$24m^2$，$36m^2$，$50m^2$，$75m^2$，$90m^2$，$105m^2$，$135m^2$，$450m^2$ 等。烧结机虽然有各种规格，大小不同，但除了 $50m^2$ 以下的小型烧结机外，其基础自动化系统都大同小异，主要是工艺流程稍有不同(如除尘方式有使用布袋除尘器的，也有使用电除尘器的；冷却方式有用链式的，也有用环冷式的)时，内容有些差别，下面将以比较典型的烧结机基础自动化作为例子进行介绍。

检测仪表及自动控制内容大致如下。

(1) 熔剂与燃料系统及成品矿仓系统，其中包括：熔剂筛分室缓冲矿槽料位上上、上、下限报警及联锁，焦粉破碎室缓冲矿槽料位上上、上、下限报警及联锁，焦粉仓矿槽料位上上、上、下限报警及联锁，成品矿槽料位上限报警及联锁。

(2) 配料系统，其中包括匀矿、生石灰、焦粉、熔剂、冷返矿槽料位连续测量及极限料位报警及联锁，其中包括匀矿料位报警通信送至原料系统，匀矿、生石灰、焦粉、熔剂、冷返矿槽排料配比控制，热返矿槽料位自动控制等。

(3) 一、二次混合添加水、铺底料槽及混合料槽系统，其中包括：一次混合机添加水压力测量及低压报警、联锁，二次混合机添加水压力测量及低压报警、联锁，一次混合机添加水流量测量与控制以及事故切断，二次混合机添加水流量测量与控制以及事故切断，一次混合机后混合料水分自动测量，二次混合机后混合料水分自动测量，一次混合机后混合料物料计量，混合料缓冲矿槽料位上上、上、下限报警及联锁，铺底料矿槽料位连续测量，上、下限料位报警、联锁及料位自动调节，混合料矿槽料位连续测量，上、下限料位报警、联锁及料位自动调节。

(4) 烧结环冷系统，其中包括：煤气总管压力测量及自动控制，点火炉煤气压力测量、低压报警及低低压切断，点火炉煤气流量累计及瞬时显示，点火炉空气(换热器前后)压力测量、低压报警及低压切断，点火炉空气流量累计及瞬时显示，点火炉煤气温度测量及显示，点火炉空气温度测量及显示，点火炉温度测量与自动控制，点火炉微压测量与显示，点火炉环境 CO 测量与报警，风箱温度负压测量与显示，烧结机速度测量及手动控制，烧结机料层厚度测量及控制，圆辊速度测量及控制，单辊破碎机冷却水低流量报警，环冷机 1 号、2 号烟囱温度测量与显示，环冷机 1 号、2 号、3 号、4 号风机风管压力测量与显示，环冷机速度测量及控制，卸矿槽料位连续测量及料位极限报警、联锁，卸矿槽排料温度测量，卸矿槽料位自动控制，板式矿机速度测量及自动控制，蒸汽压力测量与显示。

（5）主抽风机及主电除尘器系统，其中包括：主抽风机进口废气负压、温度测量及显示，主抽风机轴承温度测量及超温报警，联锁，主抽风机电动机轴承温度测量及超温报警，联锁，主抽风机轴承振动测量及报警，联锁，主抽风机电动机定子温度测量及超温报警，联锁，油冷却器水流量、压力、进水温度测量及越限报警，主油路油温测量与显示，主油路油压测量与显示及低压报警及联锁，主油路油流量测量与显示，主油箱液位测量与显示，电机用冷却器进水低流量、低压报警，主电除尘器进口废气负压、温度测量及显示，主电除尘器保温箱温度测量及上、下限报警，联锁，主电除尘器灰斗料位测量及上、下限报警，联锁。

（6）配料、机尾及整粒 3 个电除尘器，其中包括：电除尘器进出口废气负压测量及显示，电除尘器保温箱温度测量及上、下限报警联锁，电除尘器灰斗料位测量及上、下限报警联锁。

（7）全厂计量系统，其中包括：进厂混匀矿计量，进厂熔剂计量，进厂燃料计量，冷返矿计量，铺底料返矿计量，成品烧结矿计量，全厂压缩空气总量计量，全厂饱和蒸汽总量计量，全厂生产用水总量计量，全厂生活用水总量计量。

电气传动及其自动控制内容大致是各电气装备的启动、停止、顺序控制及联锁。一般分为：熔剂、燃料、铁料、配料、混料、返矿、烧结、整粒、冷却、除尘、卸灰等多个子系统，可多个系统或单个系统联动、自动等。此外还有大（如主抽风机、台车电动机等）小（如圆盘给料器的驱动电动机等）电机的变频调速及其 PLC 控制。

人机界面大致包括如下的几类操作显示窗口。

① 工艺流程及其动态参数显示窗口。如配料、一二混以及烧结等流程主窗口。

② 配料窗口。如配料料单、配料量程设定、料流传动时间、配料偏差设定等窗口。

③ 控制系统参数（P, I, D 等参数）、操作方式选择等窗口。如混匀料仓控制系统参数、烧结风箱风门调节系统、圆辊速度控制系统、台车速度控制系统等窗口。

④ 故障报警窗口。如配料系统故障报警、烧结系统故障报警、各个报警

弹出等窗口。

⑤ 各个设备操作小窗口。如各个胶带运输机、台车、冷却机、烧结启动等窗口。

⑥ 生产工艺参数趋势曲线、棒图等窗口。如烧结机各风箱风门开度、温度(趋势曲线及棒图),烧结实时趋势、配料实时趋势等窗口。

⑦ 技术计算窗口。如烧透点分布等窗口。

⑧ 辅助及其他窗口。如目录、系统结构、测量点、操作规程等窗口。

2.2.2 电气传动及其控制系统

2.2.2.1 配料 PLC 系统功能

(1)燃料破碎上料电控系统。燃料破碎上料电控系统主要设备由运输胶带机、移动可逆胶带机组成。料仓选择方式分为 HMI 手动选择和 HMI 自动选择。

HMI 手动选择:由操作员根据各仓料满、料空状态,手动选择料仓。

HMI 自动选择:首次启动时,由 PLC 程序按工艺仓号优先选择第一个料仓,如果第一个料仓满,则选第二个仓,依此类推。

由操作员预先在料位仪表棒形图弹出窗口中设置各仓高料位设定值,高料位设定值与实时值进行比较,自动判断料空、料满状态。当实时值超过设定值时,说明料满,停止向此仓下料,可逆胶带机停车,若另一个仓亏料则可逆胶带机换向下料。如果每个料仓都满,则延时一定时间顺序停车,确保皮带上的料全部走空。

在 HMI 自动模式下,联锁启动顺序为

$$料仓选择 \rightarrow 可逆胶带机 \rightarrow 延时 \ t_s \rightarrow 胶带机$$

联锁停车顺序与联锁启动顺序相反,逆启顺停。

应当注意的是,联锁控制时,各设备的延时启停时间在 HMI 上可调整。

当运输胶带机停车时,将其停车信号送至原料场。确保原料场 PLC 控制输料胶带机立即停车,避免堆料。

(2)燃料破碎电控系统。燃料破碎电控系统主要设备由振动漏斗、电液动除尘器阀门、胶带机、对辊破碎机(一般为 2 台)、四辊破碎机(一般为 2 台)和除铁器组成。

在 HMI 自动控制方式下,在 HMI 上通过流程选择按钮选择 1 号破碎流程或 2 号破碎流程。

在 HMI 上执行"破碎系统启动"操作后,PLC 程序按设备的联锁控制,自动启动相应流程内的设备,逆启顺停。破碎流程顺停时,应确保破碎机内剩余燃料全部移除，避免下次启动时负载过大。

两条破碎流程可以互为备用，当其中一条破碎流程因故障停车后，如果设定自动投入功能，则另一条流程可以自动投入工作，两条破碎流程也可以同时工作。

在 HMI 自动模式下，当与配料室燃料上料系统联锁时，在配料室燃料上料系统启动后，才可联锁启动，燃料破碎系统与燃料破碎矿仓料空联锁。

联锁启动顺序为

HMI 选择流程→胶带机→延时 t_s→四辊破碎机→延时 t_s→胶带机→延时 t_s→对辊破碎机→延时 t_s→胶带机和除铁器→延时 t_s→振动漏斗

其中振动漏斗工作方式有两种。

方式一：由操作员在 HMI 上手动启停振动漏斗；

方式二：由操作员在 HMI 上手动输入振动漏斗的运行周期和时间，由 PLC 程序自动进行启停操作。

其中除铁器工作方式有两种。

方式一：由操作员在 HMI 上手动启停除铁器；

方式二：联锁启停时，除铁器与对应胶带机一起启停操作。

联锁停车顺序与联锁启动顺序相反，逆启顺停。电液动除尘阀门在燃料破碎系统启动前需启动，可手动或自动开启。

（3）配料室燃料与熔剂上料电控系统。料仓选择方式分为 HMI 手动选择和 HMI 自动选择。具体控制与燃料破碎上料电控系统类似。

（4）冷返矿上料电控系统。具体控制与燃料破碎上料电控系统类似。不同之处：料仓仓满前报警（提前料位 70%～90% 可调），报警信号通知配料室（及主控）调整配比，适当加大返矿配比。

（5）铁矿粉上料电控系统。料仓选择方式分为 HMI 手动选择和 HMI 自动选择。

HMI 手动选择：由操作员根据各仓料满、料空状态，手动选择料仓。

HMI 自动选择：首次启动时，由 PLC 程序按工艺仓号优先选择第一个料仓，如果第一个料仓满，则选第二个仓，依此类推。根据选择仓位，移动漏矿车自动走行到位。按工艺仓号顺序下料。

由操作员预先在料位仪表棒形图弹出窗体画面中设置各仓高料位设定值，高料位设定值与实时值进行比较，自动判断料空料满状态。当实时值超过设定值时，说明料满。如果料仓全部料满时，应立即通知原料场停止输料设备，并同时执行本系统顺序停车。

在 HMI 自动模式下，联锁启动顺序为

料仓选择→移动漏矿车走行至目标车位→胶带机，三通分料器开向料仓下料方向

联锁停车顺序为

延时 t_s → 胶带机停车

其中移动漏矿车的限位点和车位开关参与漏矿车的联锁，可准确判断移动漏矿车车位，使得准确下料，在换仓时空料换仓，首先向原料场发出停车信号，顺料流方向将仓上设备逐一停车，保证胶带机和移动漏矿车上物料走空，之后再向下一个目标仓位移动。

（6）配料电控系统。配料电控系统主要由下料口电控系统、集料电控系统和其他辅助设备电控系统组成。

配料室为单列式布置，设有 6 类配料矿槽，排列顺序为(沿集料胶带机运行方向)：铁矿粉、石灰石、白云石、无烟煤、生石灰和冷返矿。

配料系统电控设备按矿槽排列顺序依次分为：铁矿粉下料系统、石灰石下料系统、白云石下料系统、无烟煤下料系统、生石灰下料系统和冷返矿下料系统。在 HMI 自动控制状态下每个矿槽的下料系统的电控设备独立联锁，同时如果胶带机停车，那么所有的下料设备都必须同时停车。胶带机可单独启动，也可同配料系统联锁启动，但配料必须是混合机启动后才可以下料。

① 铁矿粉下料系统料流方向从上到下依次为振动漏斗、圆盘给料、配料皮带秤。在自动控制状态下，以上设备具备联锁控制，其中圆盘给料机为变频调速控制。矿槽一般一半工作一半备用，可手动选择矿槽，也可自动根据下料条件选择矿槽。

② 石灰石、白云石、无烟煤下料系统料流方向从上到下依次为振动漏斗、配料皮带秤。在自动控制方式下，以上设备具备联锁控制，其中配料皮带秤为变频调速控制。

③ 冷返矿下料系统中配料皮带秤为变频调速控制。仓壁振动器 VS501-VS502 不参加联锁，控制方式分 3 种。

方式一：由操作员在 HMI 上手动启停仓壁振动器；

方式二：由操作员在 HMI 上手动输入仓壁振动器的运行周期和时间，由 PLC 程序自动进行启停操作；

方式三：根据皮带秤实际下料量，在排除仓空情况下，在一定时间范围内如果实际下料量急剧减少，则认为堵料，由 PLC 程序自动开启仓壁振动器，直至下料量恢复正常，停止仓壁振动器。

④ 生石灰下料系统料流方向从上到下依次为消化星型卸灰阀、配料皮带秤、生石灰消化器。在自动控制状态下，以上设备具备联锁控制。消化星型卸灰阀为变频调速控制。仓壁振动器不参加联锁，控制方式同上。

生石灰用水控制：由于生石灰遇水消化放热，可以提高料温，降低燃耗，降低过湿层厚度，提高制粒小球的强度，改善料层透气性，所以添加生石灰能提高烧结机利用系数和产量。在生石灰消化器启动前，先启动生石灰消化器进水泵进行加水。

除尘用水控制：在生石灰消化器启动前，先启动生石灰消化器除尘系统。生石灰消化器除尘系统包括：生石灰消化器除尘器风机、生石灰消化器除尘器进水泵、生石灰消化器除尘器排水电磁阀和生石灰消化器除尘器污水电磁阀，这些设备同时工作，确保夹杂着的生石灰粉尘得到收集和处理。

⑤ 配料室下料仓选择功能。

HMI 手动选择：由操作人员在主控室配料窗口进行选仓操作；

HMI 自动选择：根据 L_2 配比优化算法自动确定参与配料的矿槽。

在 HMI 自动模式下，当系统联锁启动时，被选择的矿槽的下料设备参与联锁启动。

⑥ 配比表生成方式。配料矿槽的下料量设定值等于总料量设定值乘以各配料矿槽的配比。

HMI 手动选择：由操作人员手动输入配料总料量及各配料矿槽的配比。

HMI 自动选择：根据 L_2 配比优化算法自动生成各配料矿槽的配比，下传到 L_1，自动执行。

⑦ 变频调速控制。石灰石星型卸灰阀、白云石皮带秤、石灰石皮带秤、无烟煤皮带秤、冷返矿皮带秤及铁粉圆盘给料机均为变频器控制。当系统启动后，根据每个下料料种的实际下料量反馈值与设定值比较结果进行 PID 运算，PLC 自动控制变频调速给料设备按照设定值完成下料量控制。

⑧ 各配料矿槽下的下料设备可以实现顺启、顺停、同启、同停的功能，确保了配比的正确。

在 HMI 自动模式下，联锁启动顺序为

料仓选择(全选情况下)→胶带机→延时 t_s→第一个仓下料设备→延时 t_s→
…→最后一个仓下料设备

$$延时\ t_s = 两仓间隔距离/皮带速度$$

2.2.2.2　混合 PLC 系统功能

(1) 混合、制粒系统的联锁控制。混合机把配料系统送来的料，进行充分的混合，混合后输送至制粒机进行制粒。然后送至皮带、梭式布料器进行布料。

在 HMI 自动模式下，联锁启动顺序为

梭式布料胶带机→延时 t_s→胶带机→延时 t_s→制粒机→延时 t_s→ZL－1→
延时 t_s→混合机

联锁停车顺序与联锁启动顺序相反，逆启顺停。PLC 程序通过停车延时控制确保混合机、制粒机停车前所有负载都被清空，再次启动时不带负荷。

在 HMI 非常手动模式下，首先机旁手动或 HMI 手动启动混合机、制粒机，然后再按照顺序启动梭式布料胶带机→延时 t_s→胶带机→延时 t_s→ZL - 1。

（2）混合、制粒系统的联锁保护。胶带机联锁启动前，响铃 $10\sim30s$（可调）。胶带机的撕裂、拉绳、跑偏信号进入 PLC 后在上位机作报警指示，并且该胶带机和其上游设备立即停车，轻跑偏信号只进行报警并不进行停车。

（3）铺底料仓系统联锁控制及料空料满控制。铺底料仓系统由插板阀和胶带机组成。联锁停车顺序与联锁启动顺序相反，逆启顺停。

铺底料送料系统可以实现自动上料功能，完成将振动筛系统筛分后的成品矿送到铺底料槽内的功能。在 HMI 上当操作人员选择自动上料，并对上料的料位进行高料位和低料位人工设定后，选择启动，就可以实现自动上料功能。即当铺底料矿槽料位低于下限设定值时，系统就会自动运行，将铺底料送至矿槽内，当矿槽内的料位高于上限设定值时，就会发出准备停车信号，当所有胶带机上物料走空后再停车，从而完成一个自动上料的循环。

（4）混合料仓料空料满联锁控制。混合料仓具有料位检测点，在 HMI 窗口上有料位高低报警提示。当料位出现低限时，在 HMI 窗口上有报警提示，操作人员在 HMI 窗口上手动增加配料总料量，暂时满足混合料仓供料能力。当出现料位为总料重的 $70\%\sim80\%$ 时，在 HMI 窗口上有报警提示，主控操作人员可改变配料比进行调配，当出现料位出现超高限时，联锁停止混合和配料系统。

2.2.2.3 主烧结 PLC 系统功能

（1）主烧结及环冷联锁控制。主烧结及环冷系统的主体设备具备联锁控制的功能，联锁启动顺序为

环冷机→延时 t_s→单辊破碎机→延时 t_s→烧结机→延时 t_s→九辊布料器→延时 t_s→圆辊给料机

联锁停车顺序与联锁启动顺序相反，逆启顺停。

在联锁启动前，生产人员还必须观察了解下列相关情况：主抽风机的运行情况、烧结机润滑油泵的运行情况、环冷机稀油泵的运行情况、单辊破碎机油泵的运行情况和环冷风机的运行情况。

根据烧结机等设备实际情况可相应增加联锁控制，如烧结机限位点、烧结机故障、烧结机跑偏、烧结机机尾行程和烧结机柔性传动转速等导致烧结机系统停机等信号。

（2）三机联调控制。该系统中圆辊给料机、烧结机和环冷机具备变频调速功能，生产工艺要求这 3 台设备的速度必须以烧结机的速度为核心协调匹配。在三机联调模式下

$$环冷机机速＝烧结机机速\ n\times速比\ A$$
$$圆辊机机速＝烧结机机速\ n\times速比\ B$$

　　速比 A 和 B 在 HMI 上都可调整。在手动调速模式下，可对烧结机、圆辊给料机和环冷机单独调速。

　　(3) 大烟道双层卸灰阀联锁控制。大烟道双层卸灰阀电控系统由双层卸灰阀和胶带机组成。此系统与成品筛分系统联锁，成品筛分系统联锁启动完成后胶带机启动→延时 t_s→大烟道双层卸灰阀启动。双层卸灰阀的集中控制分为 HMI 手动和自动两种状态，HMI 手动状态下双层卸灰阀可以在 HMI 窗口单独操作，HMI 自动状态下双层卸灰阀被分组进行控制，在 HMI 窗口分别设定每组循环操作间隔时间 T_1，每隔时间 T_1，这组阀就循环操作一个周期 T_2。在各阀组工作时间内，每个双层卸灰阀的动作顺序为上阀开、上阀关、下阀开和下阀关。

　　(4) 环冷风机启停联锁控制及联锁保护。环冷风机启停控制：首先在 HMI 上手动关风门，然后手动启动环冷风机，确保环冷风机无负荷启动，待风机处于全速状态时，自动全开风门，在 HMI 上手动停环冷风机。

　　联锁保护：当环冷风机电机定子温度、电机轴承温度和轴承振动值超出保护停机设定值时，程序自动控制环冷风机停车。环冷风机停车后，如果冷却烧结矿温度过高，需要停环冷机，冷却烧结矿温度可参与联锁，停止环冷机，也可以切除此联锁。

　　(5) 烧结系统的联锁保护。胶带机联锁启动前，响铃 10～30s(可调)。胶带机的撕裂、拉绳、跑偏信号进入 PLC 后在上位机作报警指示，并且该胶带机和其上游设备立即停车，轻跑偏信号只进行报警并不进行停车。

2.2.2.4　水泵房及软水站系统控制工艺

　　水泵房电控系统由净环供水泵、热水提升供水泵、原料厂受卸设施水泵、原料厂洒水供水泵、原水供水泵、软水供水泵、净环冷水井中水补水阀门、净环冷水井软水补水阀门、原水井补水阀门及消防水井补水阀门等组成，如表 2.1 所示。

表 2.1　　　　　　　　　水泵房电控系统

序　号	描　述
1	净水供水泵集中控制
2	原料受卸设施供水泵集中控制
3	热水提升供水泵集中控制
4	冷却塔风机启动
5	净环冷水井补水阀门
6	原料库用水供水泵集中控制

净环供水泵为备用泵。净环供水泵为烧结混合减速机、烧结制粒减速机、烧结混合耦合器、环冷风机、主抽风机及润滑油站、单辊轴、点火器隔热板等设备提供冷却水。

净环热水井提升供水泵将带着热量的循环水分别提升至风冷器和原料洒水井,风冷器的热水经风冷后流至净循环冷水井,经净环供水泵供给净环供水。而至原料厂洒水井的热水,可供原料库、原料厂洒水使用。

原料厂受卸设施水泵将原料厂洒水吸水井水,输送至原料厂,供洒水使用。

原料厂洒水供水泵为工作泵,将原料厂洒水吸水井水,输送至原料库,供洒水使用。

原水供水泵将原水井内的水输送至软水井内。原水供水泵与软水井液位联锁,根据其液位控制原水供水泵启停。

软水供水泵将软水输送至烧结泵房、高炉泵房、换热站和将软水输送至余热锅炉。

净环冷水井中水补水阀门,进口厂区生产、消防水管,可手动控制阀门开关,也可通过净环冷水井液位联锁控制阀门开关。

净环冷水井软水补水阀门,进口厂区软水给水管,手动控制阀门开关。

消防水井补水阀门,进口厂区中水给水管,手动控制阀门开关(消防水部分通过通讯进入烧结系统)。

原水井补水阀门,进口厂区外部给水管,手动控制阀门开关。与其原水井液位联锁,控制控制阀门开关。

水泵,根据实际需求可由上位机控制水泵启停控制。电动蝶阀根据实际情况,手动控制开关。

2.2.2.5　主抽风机 PLC 系统功能

主抽风机启动前,先启动润滑油站系统,启动电动油泵,使风机、电机轴承周围充满润滑油,同时充满高位油箱。检查各仪表读数是否正常,油压是否在正常值范围内。待各设备准备就绪,且仪表保护联锁均启动,调整风门开度,使其小于 5°。启动前检查高压开关设备是否正常,如正常后,可启动风机。风机启动完成后,调整风门,使其避过喘振区。之后可根据烧结的料层厚度等相关数据调整开度。

2.2.3　主要工序的检测与仪表控制系统

2.2.3.1　配料系统检测与仪表控制

在 HMI 的燃料破碎与配料系统工艺窗口上显示如表 2.2 和表 2.3 所示的

仪表测点。

表 2.2 燃料破碎系统状态监测点

序号	燃料破碎系统状态监测点
1	燃料储存仓料位

表 2.3 配料系统状态监测点

序号	配料系统状态监测点
1	1号铁料矿槽质量
2	石灰石矿槽质量
3	白云石矿槽质量
4	1号燃料矿槽质量
5	1号冷返矿槽质量
6	1号生石灰矿槽质量
7	含铁原料量和累积量
8	熔剂量和累积量
9	燃料量和累积量
10	冷返矿量和累积量
11	生石灰消化加水量和累积量
12	1号生石灰矿槽下料量和累积量
13	1号冷返矿槽下料量和累积量
14	1号燃料矿槽下料量和累积量
15	白云石矿槽下料量和累积量
16	石灰石矿槽下料量和累积量
17	1号铁料矿槽下料量和累积量

注：料位高(料满)和料位低(料空)报警值，根据工艺要求由操作员在 HMI 上的仪表棒图窗口设置。

2.2.3.2 混合系统检测与仪表控制

PLC 通过切断阀来控制制粒机加蒸汽，如表 2.4 和表 2.5 所示。

表 2.4 混合机状态监测

序号	混合机状态监测
1	红外水分仪(混合前)
2	红外水分仪(混合后)
3	超声波流量计(供水管)
4	调节阀开度(供水管)
5	压力变送器(供水管)
6	切断阀开(供水管)
7	切断阀关(供水管)

表 2.5　　　　　　　　　　　　制粒机状态监测

序　号	制粒机状态监测
1	红外水分仪(物料含水量)
2	压力变送器(供水压力)
3	压力变送器(蒸汽压力)
4	差压变送器(蒸汽流量)
5	电磁流量计(供水流量)
6	调节阀(供水管)开度
7	制粒机电机轴承温度
8	制粒机电机定子温度
9	制粒机蒸汽管道温度
10	供水管切断阀开
11	供水管切断阀关
12	蒸汽管切断阀开
13	蒸汽管切断阀关

注：制粒机联锁控制及报警。

报警：制粒机电机轴承温度、制粒机电机定子温度超过 80℃ 时报警。

联锁：制粒机电机轴承温度、制粒机电机定子温度超过 90℃ 时制粒机停机。

2.2.3.3　主烧结与环冷系统检测与仪表控制

在 HMI 的主烧结窗口上显示表 2.6～表 2.8 所列的仪表测点。

表 2.6　　　　　　　　　　　　主烧结状态监测点

序　号	主烧结状态监测点
1	点火炉炉膛温度
2	烧结机风箱温度
3	大烟道温度
4	单辊破碎机冷却水出口管道温度
5	混合料槽加热蒸汽管道温度
6	混合料斗温度
7	点火炉压力
8	烧结机风箱压力
9	单辊破碎机主轴冷却水进水管压力
10	水冷隔板压力

续表 2.6

序　号	主烧结状态监测点
11	混合料矿槽加热蒸汽管道压力
12	热空气管压力
13	热煤气管压力
14	机尾液压站压力
15	混合料矿槽加热蒸汽管道流量
16	单辊破碎机主轴冷却水进水管流量
17	单辊破碎机主轴冷却水回水管流量
18	混合料矿槽
19	铺底料矿槽
20	热空气管流量
21	热煤气管流量
22	成品矿计量
23	烧结机台车料位
24	烧结机风箱开度
25	烧结室 CO 气体含量
26	混合料矿槽质量
27	铺底料矿槽质量

表 2.7　　　　　　　　　　**环冷机状态监测点**

序　号	环冷机状态监测点
1	环冷鼓风机出口压力
2	环冷机烟罩内废气压力
3	冷却后烧结矿温度
4	环冷鼓风机轴承温度
5	环冷鼓风机电机定子温度
6	环冷鼓风机电机轴承温度
7	环冷机烟罩内废气温度
8	环冷鼓风机风门开度
9	环冷鼓风机轴承 x 向振动
10	环冷鼓风机轴承 y 向振动

注：实际测点数量以主烧结系统、环冷机设备供货商提供的技术文件为准。

表 2.8 　　　　　　　　主烧结系统及环冷机的报警信号

序号	描　　述	超低限	低　限	高　限	超高限
1	热煤气管压力			~kPa	~kPa
2	单辊破碎机主轴冷却水进水管压力		~kPa		
3	水冷隔板压力		~kPa		
4	混合料矿槽			~	
5	铺底料矿槽			~	
6	环冷鼓风机电机定子温度			~℃	~℃
7	环冷鼓风机电机轴承温度			~℃	~℃

注：实际报警值以主烧结系统设备供货商提供的技术文件为准，这里均用"~"代替(下同)。

2.2.3.4　水泵房及软水站系统仪控功能

原水供水泵将原水井内的水输送至软水井内。原水供水泵与软水井液位联锁。当原水供水泵有一台运行时，如软水井液位高于 5.3m，高报警时，停止正在运行的工作泵；如软水井液位低于 4m，低报警时，启动备用泵。当没有原水供水泵运行时，如软水井液位低于 4m，低报警时，启动工作泵。当两台原水泵同时工作时，如软水井液位高于 5.3m，高报警时，停止正在运行的备用泵，延时 1min，如液位没有明显下降，停止另一台工作泵。

净环冷水井中水补水阀，进口厂区生产、消防水管，可手动控制阀门开关，也可通过净环水冷水井液位联锁控制阀门开关。当净环冷水井液位低于 3m 时，打开补水阀。当净环冷水井液位高于 4.7m 时，关闭补水阀。

原水井补水阀门，进口厂区外部给水管，手动控制阀门开关。与其原水井液位联锁，控制阀门开关。当原水井液位低于 4m 时，打开补水阀。当原水井液位高于 5.3m 时，关闭补水阀。

表 2.9 　　　　　　　　　　　　仪表检测数据

序　号	描　　述
1	原水泵组出水总管压力
2	软水泵组出水总管压力
3	原水储水池液位
4	软水储水池液位
5	净循环热水井液位
6	净循环冷水井液位
7	消防水吸水井液位
8	原料厂洒水吸水井液位

续表 2.9

序　号	描　述
9	原水泵组出水总管流量
10	软水泵组出水总管流量
11	原水储水池补水管流量
12	软水供水管道流量
13	原料库洒水泵组供水总管压力
14	原料库洒水泵组供水总管流量
15	循环水供水泵组供水总管温度
16	热水提升泵组供水总管温度
17	原料受卸设施泵组供水总管温度
18	原料库洒水泵组供水总管温度

表 2.10　　　　　　　　　　　　　仪表报警系统

序　号	描　述	报　警
1	原水储水池液位	H~mL~m
2	软水储水池液位	H~mL~m
3	净循环热水井液位	H~mL~m
4	净循环冷水井液位	H~mL~m
5	消防水吸水井液位	H~mL~m
6	原料厂洒水吸水井液位	H~mL~m

2.2.3.5　主抽风机系统检测与仪表控制

主抽风机系统的报警信号如表 2.11 所示。

表 2.11　　　　　　　　　主抽风机系统的报警信号

序　号	描　述	超低限	低　限	高　限	超高限
1	风机电机轴承温度			~℃	~℃
3	风机电机线圈温度			~℃	~℃
4	风机轴承温度			~℃	~℃
11	主抽风机空气冷却器风温			~℃	
12	主抽风机空气冷却器冷却水管道温度			~℃	
14	A 报警Ⅱ			~mm/s	
15	A 报警Ⅰ				~mm/s
16	B 报警Ⅱ			~mm/s	
17	B 报警Ⅰ				~mm/s

注：实际报警值以主抽风机供货商提供的技术文件为准。

主抽风机烟气分析检测：在 HMI 的主抽窗口上可以监视下列烟气分析系统测点，如表 2.12 所示。

表 2.12 烟气分析系统测点

序　号	描　述
1	粉尘含量
2	SO_2 含量
3	O_2 含量
4	CO_2 含量
5	CO 含量

2.3 烧结生产的过程自动化

2.3.1 过程计算机的目的和作用

烧结过程引入过程计算机的目的如下。

① 能进行较高级的控制，例如传输迟延较大的系统等，以改善控制质量，为提高产量、获得高收得率和节能降耗创造条件；

② 收集和处理操作信息，作为操作指导，使操作管理迅速化、自动化，并提高管理精度；

③ 生产过程优化。

由于基础自动化使用 DCS 或 PLC，第①项实际上已由基础自动化执行了。除宝钢、武钢烧结机使用过程机外，其他钢铁厂的烧结厂很少设有过程机。

2.3.2 过程计算机的主要功能

（1）计量配料槽料位。宝钢烧结车间共有 16 个配料槽，其料位有两种计量方式，一种是设置有料位计的矿槽：如返矿、生石灰小球等，是以料位计周期测定信号送入计算机，存入文件以计量实际料位；另一种是无料位计的，如焦粉、硅砂、中和矿等料槽，则由原料场计算机送来库存量信息，定周期计算库存量(其计算公式为：前次在库量＋入槽量排出量)来计量。此外，还进行品名检查和更新，以适应各种原料。

（2）混合料槽料位控制。为了能稳定地由混合料槽向台车供料，并能在稳定条件下测矿槽内的水分，设置混合料槽料位控制是十分必要的。宝钢烧结混合料槽容积为 $70m^3$，料从满槽到排空仅 5～6min，故对控制要求较高，是采用前馈加反馈方式来控制的。计算机将对输送系统进行"数据跟踪"计算出混合料槽入料量排出量，以及测定当时料位值就可以预测10min后料位。混合料总输送量可根据目标值与偏差值进行计算，计算后的数值作为配料系统的总给定值。料位偏差则作为反馈量以控制修正混合料输送量，并保持混合料槽料位在设定值。混合料槽排料量 W 可依下列公式之一来计算：

$$W = 台车速度 \times 台车宽度 \times 压紧系数$$
$$W = 台车速度 \times 宽度 \times 压紧系数 \times 截止板位置$$

(3) 配料混合控制及返矿槽料位控制。对于混合料槽料位控制的综合输送量是按各槽配比及水分率算出每槽排料量(湿量)，并对排料控制装置进行 SPC 控制。此外，对粉焦、硅砂料槽还根据湿度计测定状态而决定设定值。由于各配料槽位置的差异，而要求各槽的排料量设定值能按矿槽位置的先后顺序给出，即按槽位置顺序设定相应的延迟时间，从而稳定给料比，故要对胶带运输机跟踪，将输送机分成若干段，对应某一矿槽区，计算机根据当前的总混合料量计算出相应矿槽的下料量。各矿槽的下料量在某一区段相加，作为实际的总给料量。宝钢还设置了两个冷返矿槽，计算机将计算各槽的排料设定值，以按比例分配返矿下料量，使两个返矿槽不发生料位差。

(4) 混合料水分控制。在每个控制周期中，由跟踪系统算出进入一次、二次混合机的混合料量与混合料带入的水分，由计算机根据带入的水分量与目标值计算出加水量，然后作 SPC 设定下级控制系统。反馈控制是由设置在混合料槽内的中子水分计测出混合料的水分与目标值之差来进行的。修正值可分别送一、二次混合，但一般情况送二次混合，一次混合水分率控制在 5% 左右，二次混合水分率控制在 6.5% 左右。

(5) 烧结台车料层厚度控制。台车纵向层厚主要由圆辊给料机转速和主闸门开度的变化来控制。当给料量变化较小时，用变化圆辊给料机速度来调节，当台车速度及层厚变化引起给料量变化较大时，则主要靠改变主闸门开度来控制。它根据平均层厚设定值和横向层厚设定偏置值之和，通过辅闸门开度控制装置对辅闸门开度进行控制。

计算机还计算烧透点(B.T.P)，并作为操作指导，其计算公式如下。

B.T.P 位置：
$$X_{max} = \frac{b}{2a} \tag{2.1}$$

B.T.P 温度：
$$Y_{max} = aX_{max}^2 + bX_{max} + c \tag{2.2}$$

式中，a，b 为常系数。

(6) 铺底料槽料位控制。采用前馈-反馈复合控制方式，根据台车速度变化来改变进料皮带机的速度作为前馈控制，铺底料槽料位设定值和由测力传感器实测料位之差，经 PID 算法进行反馈控制。其控制算式为：

$$SHCO = [KF_1 + KF_2(PF_1 - KF_3)]PS + KF_4(PF_1 - KF_5)(1 - KF_7) +$$

$$KF_6 \times KF_7 \tag{2.3}$$

式中，$SHCO$ 为铺底料胶带机的速度设定值；PS 为台车速度；PF_1 为反馈修正系数；$KF_1 \sim KF_7$ 为修正系数（KF_7 可为 0 或 1）。

（7）点火炉、保温炉燃烧自动控制。有炉内燃烧温度控制和点火强度控制两种方式可供选择，可在计算机上选择。

① 炉内燃烧温度控制方式。由炉内热电偶测得的温度经数字滤波器处理后与计算机 CRT 所给的设定值比较，其差进行 PID 运算后，控制焦炉煤气流量设定值。

② 点火强度控制方式。它是按台车单位面积上所需热量，确定煤气流量设定值，即

$$F = TK \times PS \times PW \times 60$$

式中，F 为焦炉煤气流量，m^3/m^2；TK 为点火强度设定值，m^3/m^2；PS 为台车速度，m/min；PW 为台车宽度，m。

（8）成品取样数据处理。计算机将把成品取样机来的烧结矿进行粒度和强度的数据处理。粒度处理是把取样来的烧结矿筛分，区分出 +50mm、50～25mm、25～10mm、10～5mm 以及 5～0mm 的粒度后，分别称量并把结果进计算机进行平均粒度（MS）计算。

$$MS = \sum_{i=1}^{5}(KH_i \times S_i) / \sum_{i=1}^{5} S_i \tag{2.4}$$

式中，KH_i 为粒度系数；S_i 为粒度数据，kg。

强度处理是把取样来的烧结矿作转鼓试验后由计算机分别算出 +10mm 及 10mm 烧结矿的转鼓指数（TI）。

$$TI = S_{10} \times 100\% / (S_{10} + S_{-10}) \tag{2.5}$$

式中，S_{10} 为 10mm 以上粒度数据，kg；S_{-10} 为 10mm 以下的粒度数据，kg。

（9）数学模型运算与人工智能应用（见下节）。

（10）数据打印。计算机将定时或按操作者请求打印各种报表和数据。

（11）数据显示。

（12）数据通信。与原料场过程计算机通信，输送各槽库存量、入槽量，原料烧结矿等分析数据和品质数据等。

由于基础自动化级使用以微机为中心的 DCS，上述典型过程计算机执行的功能，许多已转为 DCS 执行，而过程计算机将执行更复杂的任务，如生产优化、人工智能应用等。

2.3.3　数学模型及人工智能的应用

2.3.3.1　烧结矿优化配料模型

　　烧结过程是钢铁冶金生产的重要工序之一，而配料是烧结的基础，配料效果的好坏直接影响烧结矿的化学成分及稳定性，并影响烧结矿的成本和高炉冶炼的全过程。目前，由于国内钢铁工业的快速发展，铁矿资源短缺的矛盾日渐突出，钢铁企业获得比较稳定的原料越来越难，矿石的来源越来越多。由于各种铁矿石质量不同，外购费用也不同，所以将这些矿石进行合理搭配，获得最佳配矿比，得到配料成本最低且质量符合要求的烧结矿，就显得十分重要。

　　合理的配矿方案既要满足化学成分的要求，又要使烧结矿产质量指标最优。针对烧结配矿的特点，建立由化学成分约束和产质量优化组成的优化配矿模型，很好地解决了如何配矿可以比较经济地满足烧结矿生产化学成分要求，及在一定的产质量指标要求下如何得到多种配矿方案的难题。目前有下列几种方法。

　　(1) 基于进化策略的烧结配料优化。

　　① 烧结配料优化模型的建立。确定设计变量。取第 i 种原料的配入量为设计变量 x_i，$i=1, 2, 3, \cdots, m$。m 为原料种数。故设计变量为：$X=\{x_1, x_2, \cdots, x_m\}$。

　　确定目标函数 $\min Z=$ 原料成本。

　　为满足烧结矿化学成分要求，根据技术规范建立以下约束方程。

　　(a) 成分约束：下限≤烧结矿某成分≤上限；

　　(b) 碱度约束：下限≤配成量碱度≤上限；

　　(c) 许用量约束：下限≤某种原料用量≤上限；

　　(d) 配成量约束：配成量总量 $=G$。

　　由此写成优化配料数学模型为：

　　目标：$\min Z$；

　　约束：s.t. $X \in \Omega \subset E^m$。

式中，Ω 为可行配料域；X_i 为优化配料方案（$i=1, 2, 3, \cdots, m$）。

　　② 进化策略算法设计。进化策略是 20 世纪 60 年代由德国的 I.Rechenberg 和 H.P.Schwefel 开发出的一种优化算法。当初开发进化策略的主要目的是为了求解多峰值非线性函数的最优化问题，随后，人们根据算法的不同选择操作机制，提出了许多不同的进化策略，这些不同的进化策略在很多工程优化问题上得到了一定程度的应用。

　　程序算法如下：

（a）输入初始种群规模 L，最大进化代 k_{max}；

（b）置初始进化代 $k=0$，随机产生 L 个初始设计变量的向量父本 X_1，X_2，$\cdots$，X_L，设定方差向量 ρ 的初值 $[1 \quad 1 \quad \cdots \quad 1]^{\mathrm{T}}_{1 \times n}$，其中 n 为设计变量的个数；

（c）取目标函数为适应度函数 $S(X)$，$S(X)$ 值越小，适应性能越好；

（d）调整方差向量 ρ，让第 k 代父本变异并选择个体进入第 $k+1$ 代；

（e）收敛判断，收敛判据为 $\left| \dfrac{S_w - S_b}{S_{avg}} \right| \leqslant \varepsilon$ 或 $k > k_{max}$。其中 ε 为预先给定的小数。

$$S_{avg} = \frac{1}{L} \sum_{i=1}^{L} S(X_i),$$

$$S_u| = \max_i \{ S(X_i) \},$$

$$S_b = \min_i \{ S(X_i) \}, \quad i = 1,2,\cdots,L$$

若收敛判据满足，则算法终止，输出结果，否则转回步骤（d）。

在上述各步骤中，方差向量 ρ 的调整是进化策略中最关键的步骤，可按下列方案进行：设每个进化个体包含两方面的信息，即解向量 X 与方差向量 ρ。

(X, ρ) 的后代 (X', ρ') 为

$$\rho_j{'} = \rho_j \exp(\theta' \cdot N(0,1) + \theta \cdot N_j(0,1)), \quad j = 1,2,\cdots,n$$

$$x_j{'} = x_j + N(0, \rho_j{'}), \quad j = 1,2,\cdots,n \tag{2.6}$$

式中，$\theta' = 1/\sqrt{2L}$，$\theta = 1/\sqrt{2\sqrt{L}}$，$N(0,1)$ 和 $N_j(0,1)$ 为相互独立的标准正态随机变量。

（2）烧结配料优化控制专家系统。

① 烧结配料优化系统模块设计。专家系统使用模块化设计思想，每部分为一独立模块，模块的整体设计主要考虑以下 4 个部分。

（a）系统数据的交换采用 OPC/API 等技术实现数据的读写。工作步骤如下：

步骤 1　模块从数据库表中获取需要读取与写入的过程 TagName 信息，以及刷新的时间间隔等各种过程变量说明参数；

步骤 2　生成共享数据缓冲区，作为实时数据缓冲区，供其他模块使用；

步骤 3　根据 TagName 的数据采样间隔，自动采集数据及输出数据；

步骤 4　生成本模块的状态信息。

（b）数据整理及预处理模块对实时数据缓冲区的数据进行整理、预处理。工作步骤如下：

步骤 1　模块从数据库表中获取需预处理的数据变量及相关参数；

步骤 2　从实时数据缓冲区取数，生成 1min 的平均数据，形成 8h 长度的历史数据缓冲区；

步骤 3　从 8h 长试制历史缓冲区取数形成 10min 一点，形成 30d 长度的历史数据缓冲区；

步骤 4　每小时把历史缓冲区数据写入数据库；

步骤 5　根据历史数据形成变量状态、诊断信息区，长度达 30d。

(c) 工艺流程模拟及数据跟踪模块对工艺数据进行跟踪，形成跟踪数据缓冲区，供其他模块读写。工作步骤如下：

步骤 1　根据工艺特点，检测点之间的作用时间差(数据库中表有记录)，读取历史缓冲区中数据，形成特定数据表供其他功能读写；

步骤 2　从数据库中读入参数表及时差表。在内存中形成相关数据区，启动相关功能模块；

步骤 3　控制数据写入变化周期：1min。

(d) 控制功能模块的管理及专家功能规则的加载模块是相应的控制功能及专家规则设计相应的参数表及诊断总结归纳表。控制功能模块针对以往的控制经验(经验来自历史分析及诊断)进行自学习，并能根据历史数据不断修正经验，修正检测仪表的恒定误差。专家规则可考虑存贮在数据库表中。模块的编译应考虑采用现有的编程工具，其运行通过主系统程序来加载及管理。

(e) 报警日志服务器根据工艺需要，把生产工艺过程中出现的检测参数越限报警及操作访问进行自动记录、声音报警输出，并可操作调出现实、自动打印。工作步骤如下：

步骤 1　根据数据库中定义的报警说明，系统自动监测过程数据状态(服务器自动扫描实时数据缓冲区)；

步骤 2　当发现报警时，生成相应标志，写入数据库；

步骤 3　由客户端来检查是否需声音报警；

步骤 4　针对与系统的各种操作系统自动进行记录、生成日志。

(f) 报表输出服务器负责报表文件的生成、打印等。根据工艺需要，归类报表数据，定义数据形式。参照 Excel 表，定义格式，生成报表。报表的制作方法及设计原则：输入数据在二级系统进行，并设计专门的数据表用于存贮，历史数据从数据库中取，格式采用 Excel 表形式。

(g) 人机接口服务器根据已定义的人机界面格式，生成动态人机界面。当客户端申请该界面时，系统自动提供该界面，并实时刷新客户端的界面数据。系统可按一定方式建立相应的窗口。静态窗口与数据可分离。静态窗口可下载到客户端，实时数据只有当客户端登陆到服务器后，打开该窗口时由服务器端实时提供，并动态修改该窗口的显示。具体窗口结合工程制作。采用 WEB 形式、DCOM 结构、B/S(浏览器及服务器)。

(h) 系统设备及网络状态管理服务器主要完成对本系统范围内的设备名称、主要属性、运行通信状态的动态掌握和管理及权限管理。设计时要实现：所有信息在服务器上，重要数据要记入数据库中，服务器、客户端均能访问到这些数据(操作人员具有相应的操作权限)。

(i) 客户端系统主要完成从服务器上下载各种信息至本地计算机，完成对过程信息的监视、操作、管理等。其保存着系统的部分静态资源(例如：画面格式、服务器的登录与连接设置以及本机的相关信息等)。当客户端完成身份的确认后(即登录到服务器)，其通过 DCOM 技术实现对服务器端的连接，根据具体操作，从服务器下载信息，刷新本地界面。也可发出操作指令去修改服务器的信息。客户端根据权限登录可随机调用服务器上的各种资源。客户端分为 3 种角色：工程师、操作员、游客。工程师可对所有设定数据进行修改，界面的操作等，权限最大；操作员只能对工艺操作窗口进行浏览、工艺数据的修改及设定，不能修改模块参数；游客只能对工艺窗口进行浏览，不能对任何数据进行操作及修改。客户端可登录服务器。

② 烧结配料优化系统主要算法。配料优化系统专家系统采用专家数据库的迭代搜索分析法作为系统的基本算法。算法采用先进的数据库管理技术，收集参与配料的各种原料成分分析数据、成品矿成分预测及化验数据、过程历史数据以及控制输出数据等，形成庞大的专家数据库，再根据专家数据库及相应关联规则，自动搜索参与配料的原料优化配比方案。

迭代搜索关联规则的总原则是将所有物料按照专家经验及物料成分进行分类以决定初始配比及调整策略。物料包括铁原料、熔剂、镁石、燃料及特殊物料(炉渣、富矿等)。针对不同的成品成分计算结果，进行不同的方案搜索，一般原则是调整铁原料配比以调整 TFe 含量，调整熔剂配比以调整 Ro，调整镁石配比以调整 MgO 的质量分数，特殊物料(炉渣、富矿等)则采用专门的配比策略。迭代搜索模型结构设定后，模型的未知部分就是根据输入、输出数据，确定一种最优准则，再利用最优化方法，估计模型参数。

以上为烧结配料的大原则，但在实施过程中，由于每种原料的配比调整不仅会影响几种成分的含量，而且会影响其他的物料配比。各物料配比的修改往往会产生诸多矛盾的结果以至无法搜索出最理想的配比方案。在许多实际生产过程中计算各种原料的配比时，只考虑烧结矿全铁 TFe、碱度 Ro 两项指标。在本系统的设计中需要采用以碱度为中心的逐次搜索配比方案。由于数据库采集的大多参数具有滞后和不确定性，参数化模型还需要进行变换。

配料系统专家数据库的迭代搜索分析法主程序框架如图 2.4 所示，专家数据库的迭代搜索分析模型算法的设计思路简述如下：进入模型算法后，首先根据从 L_1 基础自动化读取参与配料的秤的参数，料位情况分布，从原料分析中心读取原料参数，从化验室读取成品成分参数，根据以上信息从数据库调用初始配料方案并判断：当可以调用初始配料方案时，则开始进入优化程序，当没有可调用的初始配料方案时，则由人工键入新物料的初始设置，包括量程、常用量等，重新建立初始配比方案及关联规则后再进入优化程序。

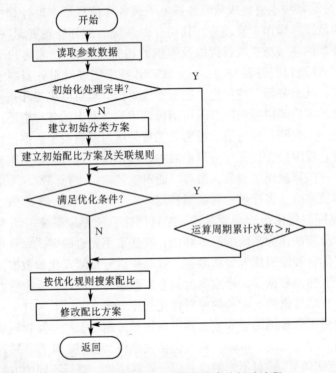

图 2.4　专家数据库的迭代搜索分析法流程

根据每种成分设定的优化条件，对计算出的配料方案进行判断，符合优化条件时，系统在一个计算周期内停止运算，直接采用该配料方案，否则重新按照优化目标与原料的关联规则进行配料方案的搜索，直到满足优化条件。为避免无效的计算循环和无法达到的优化条件，对在一个计算周期内的计算次数必须加以限制。通过对各个运算周期的计算，将在可细化的范围内采用最接近于优化条件的配料方案，此时必须由生产者考虑是否需要调整生产结构以满足优化的要求，如原料的 TFe 普遍偏低时，无论采用何种配料方案均无法保证TFe 含量的优化条件。此时系统将自动按照搜索次序，得出最接近于搜索条件的配料方案，并给出报警提示建议。

（3）应用 BP 神经网络技术建立烧结寻优配矿模型。为了解决各种优化计算问题，目前存在多种优化算法，如遗传算法、单纯形法、梯度法、分枝定界法等。遗传算法是建立在自然选择和群体遗传学基础上的随机、迭代、进化并具有广泛适用性的搜索方法，是一种可用于复杂优化计算的鲁棒搜索算法。

烧结寻优配矿模型的目的就是在已知约束范围的配矿方案中找出优化的方案，使之满足某个质量指标，达到最优值。本研究采用的是 BP 网络模型提供的网络结构，模型的输入参数为 22 种铁矿石的配比，输出参数为铁矿石烧结性能的 3 个评价指标(筛分指数、抗磨强度和转鼓强度)。

对质量约束提供的 3 个评价指标中，若选定 1 个质量指标进行约束，则质量约束可以用 1 个目标函数来表示：

$$f_i = F_i(x_1, x_2, \cdots, x_n) \tag{2.7}$$

式中，x_1，x_2，$\cdots$，x_n 为所用铁矿石的不同配比，%；F_i 为质量约束的目标函数；f_i 为质量指标，如转鼓强度、抗磨强度和筛分指数等。

（4）应用遗传优化技术分别建立烧结寻优配矿模型。在设计优化配矿模型时，x_1，x_2，$\cdots$，x_n 分别表示优化配矿的决策变量，表示一种配矿方案。以选定的铁矿石配比 x_1，x_2，$\cdots$，x_n 作为决策变量，那么，一组配矿方案就可作为遗传过程中的个体。矿石变量以一定编码方式表示，配矿方案 x 则由选定的 n 种铁矿石顺序连接成 x_1，x_2，$\cdots$，x_n，从而构成了染色体的编码方法。

采用遗传优化算法实现质量优化模型时，优化参数包括铁矿石配比约束和铁矿石总配比约束，评价指标为质量约束。铁矿石配比约束和铁矿石总配比约束可以在群体初始化时实现。质量指标约束是多维的，包括转鼓强度、抗磨强度和筛分指数 3 项，如式 $f_i = F_i(x_1, x_2, \cdots, x_n)$ 所示。把某一质量指标约束的具体值作为个体的评价函数，就可以利用配矿优化模型来计算个体的适应度。通过遗传进化，可以产生满足质量要求的配矿方案。如图

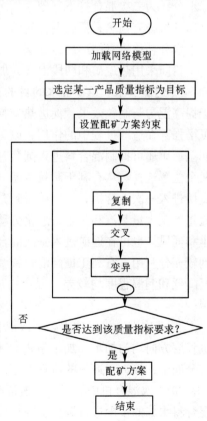

图 2.5　产生配矿方案算法示意图

2.5 所示为利用遗传算法生成最优配矿方案算法示意图。

2.3.3.2　混合料水分控制

混合作业的主要目的有二：一是使原料各组分仔细混匀，从而得到质量较均匀的烧结矿；二是加水润湿和制粒，得到粒度适宜、透气性良好的烧结混合料，促使烧结顺利进行。

为了获得良好的混匀与制粒效果，根据原料性质不同，混合作业可采用一段混合或两段混合。一段混合是混匀、加水润湿和粉料成球，在同一混料机中完成。由于时间短、工艺参数难以合理控制，特别是在使用热返矿的情况下，制粒效果更差，所以只适用于处理富矿粉。但我国是以细精矿粉生产熔剂性烧结矿为主，对混匀与制粒的要求都很高，一段混合不能满足要求，因此大中型烧结厂均采用两段混合流程。一次混合，主要是加水润湿、将配料室配制的各种原料混匀、预热，使混合料的水分、粒度和原料各组分均匀分布，并达到造球水分，为二次混合打下基础。二次混合除继续混匀外，主要作用是制粒，还可通蒸汽补充预热，提高混合料温度。这对改善混合料粒度组成，防止烧结过程中水分转移再凝结形成过湿层，提高料层透气性极为有利。

目前采用热返矿和两段混合，加水常分为 3 段。

① 返矿加水。返矿加水的目的是降低返矿温度，稳定混合料水分，有利于提高混匀与制粒效果，促进热交换。由于返矿是造球核心，将其提前润湿，可增强其在造球过程中的作用，改善混合料透气性，提高烧结矿质量。同时，润湿返矿还可抑制混合料进入圆筒时的扬尘，改善环境。向返矿中打水，可在两个位置选择。从有利于制粒考虑，宜在返矿皮带上打水，这样，高温返矿不直接进入一次混合机，使返矿得到充分润湿，为制粒创造了良好的条件，但该处将产生大量蒸汽和灰尘，恶化劳动条件，密封罩腐蚀加快，应注意排汽、除尘和通风。也可在返矿进入一次混合机的漏斗前加水，这样，返矿的热量能得到较充分利用，有利于提高混合料温度。劳动条件也比前者要好，但因返矿温度降低和润湿程度均较差，混合料成球后，会引起水分剧烈蒸发而使小球碎裂。

② 一次混合机中加水。一次混合的主要目的在于混匀，所以应在沿混料机长度方向均匀加水，加水量占总水量的 80% ~ 90%，这样可使混合料得到充分润湿，接近于造球的适宜水分，为二次混台机造球作准备。

③ 二次混合机中加水。二次混合的主要作用是强化制粒，此处只是根据混合料水分的多少进行调整、补充加水，以保证有更好的成球条件，并促进小球在一定程度上长大。补加水分一般不超过总水量的 20%。加水时应在混合机进料端加水，先用喷射流使料形成球核，继而用高压雾状水加速小球长大，距排料端 1m 左右停止加水，使小球粒紧密坚固。

(1) 优化控制策略。在一次混合加水控制器设计方面，依据上述分析，加水总量受到原料、季节和返矿量等因素影响，加水总量是波动的，采用专家控制策略，对一次混合加水设定值利用专家先验知识建立初始专家数据库，随着生产过程的进行和反馈检测数据的采集修订专家数据表格，使一次加水控制值在较小的范围波动，有利于二次加水控制。专家控制器的输出作为加水设定控制值的粗调控制，还需设计模糊控制器对加水量进行微调控制。

配料后的混合料，经混合皮带连续不断地送到混合器，同时加水管连续地向混合器中加入水，加水后的混合料在混合器中不断地被搅拌混合，使得各种成分的物料及水分被混合均匀后，从混合器后部连续排出到转运皮带，再由转运皮带送到烧结厂房内的烧结机上进行点火烧结，从而生产出成品烧结矿，其加水控制流程如图 2.6 所示。

在图 2.6 中，混合皮带上设有电子皮带秤，对混合料的瞬时流量在线计量，工业水管上设有电磁流量计、电动调节阀，电磁流量计在线测量工业水的瞬时流量，调节阀根据调节器的输出，控制进入混合机的加水量，混合矿在混合机内加水混合后，自混合机出口下方转运到皮带，在转运皮带上设有红外线水分仪，对混合后的矿料进行在线水分测量。

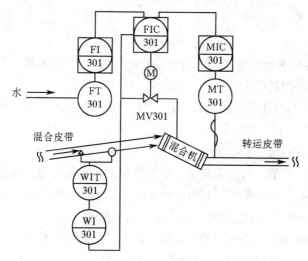

图 2.6 加水控制流程图

WIT301—电子皮带秤；WI301—混合料瞬时流量显示器；
MT301—红外水分仪；MIC301—水分调节器；FT301—电磁流
量计；FI301—水流量显示仪；FIC301—水流量调节仪

(2) 混合加水控制原理。混合加水采用前馈及反馈控制，其控制框图如图 2.7 所示。选定加水通道为控制通道，混合料通道为干扰通道。

根据理论计算，前馈控制器的输出为

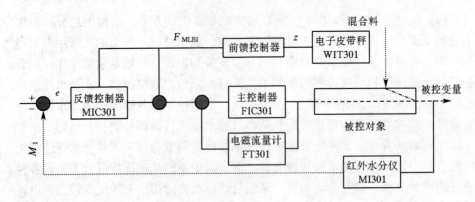

图 2.7 混合加水控制系统方框图

Z_{wj}—混合料流量，t/h；F_{MIS1}—前馈加水量，t；F_{MIS2}—反馈加水量，t；FMS—总加水量，t；e—水分偏差；M_{MIS}—水分目标值；M_1—实测水分值

$$F_{MIS1} = Z_{Wj}(M_{MIS} - M_Y)/(1 - M_{MIS}) \quad\quad (2.9)$$

式中，F_{MIS1} 为前馈加水量，t；Z_{Wj} 为混合料流量，t/h；M_{MIS} 为水分目标值；M_Y 为混合料中原含水量，%，由试验室测得各料种的含水量，再根据给定的配料比计算而得，这里作为常量。

反馈控制器的输出为

$$F_{MIS2} = K_D \times e \times F_{MIS1} \quad\quad (2.10)$$

式中，F_{MIS2} 为反馈加水量，t；e 为水分偏差；K_D 为补正系数。

总的加水量控制值为

$$F_{MIS} = F_{MIS1} + F_{MIS2} = Z_{Wj}(M_{MIS} - M_Y)/(1 - M_{MIS}) \times (1 + K_D \times e)$$
$$\quad\quad (2.11)$$

式中，F_{MIS} 为总加水量，t。

F_{MIS} 作为给定值，与电磁流量计检测到的水流量值相减，差值送入流量调节器 FIC301 进入 PID 调节，由调节器 FIC301 输出信号，调节水管上的调节阀 MV301，改变对混合器的加水量，完成加水控制。

由此可以看出，整个加水控制系统实际上是：前馈—反馈 + 串级系统。

分析式（2.11）可以得出，当系统有扰动时，即 Z_{Wj} 发生变化，前馈量 F_{MIS1} 立即得到响应，而反馈量 F_{MIS2}，由于混合器有 3min 的纯滞后，也就是说，当扰动 Z_{Wj} 发生时，只有等 3min 后目标值与反馈值 e 的差才有响应，且补正系数 K_D 为非线性，反馈的补水量 F_{MIS2} 非但不能及时得到响应，且响应的值也很难精确计算，再加上混合料的原水分含量的变化，使得传统的混合加水控制难以得到满意的效果。

另外，由于原料场料堆中的水分本身不均匀，再加上原料换堆、天气变化，以及原料配比调整等因素的影响，入筒的原始水分很不稳定。

（3）混合加水的专家控制。根据原料、天气、季节等相关因素设计专家控制器，采用专家控制策略，对一次混合加水设定值利用专家先验知识建立初始专家数据库，随着生产过程的进行和反馈检测数据的采集修订专家数据表格，使一次加水控制值在较小的范围内波动，有利于二次加水控制。

（4）混合加水中的模糊控制。通过对上面的分析可以看出造成加水控制品质问题的因秦有：混合器的纯滞后、混合料原有水分含量的变化及补正系数 K_D 的非线性。混合器的纯滞后是系统所具备的固有特性，不能改变，混合料原有水分变化的影响相对较小，一批料中所含的平均水分一般变化不大，实际控制中可忽略其影响。如能得到较为精确的补正系数 K_D，则对系统的控制品质会有很大改善。采用模糊法计算补正系数 K_D。

模糊逻辑系统如图 2.8 所示。

图 2.8　模糊逻辑系统

模糊逻辑系统的作用是将输入信号 e，按照一定的规则转化为期望输出 u。这里的输入信号 e 是数值向量，输出信号 u 是数值量，即多输入单输出系统。由于推理决策机构（由模糊规则库和推理机组成）以模糊概念作为工作的先决条件，所以将数值 e 模糊化为模糊量 $\tilde{e}$，这是由模糊产生器来完成的。经模糊推理机确定的模糊变量 $\tilde{u}$ 仍为模糊量，而实际信号一般为数值量，所以又利用模糊解除器将 $\tilde{u}$ 还原为数值量 u。

带偏差补正系数的模糊逻辑结构。如图 2.9 所示为带偏差补正系数 K_D 的模糊逻辑结构图。

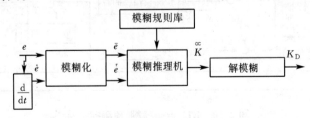

图 2.9　带偏差补正系数的模糊逻辑结构

二次混合加水控制设计利用模糊控制方法，引入一次混合加水检测值和二次加水的反馈检测误差和误差变化量，建立模糊控制规则，最终实现模糊加水控制。在二次加水设定值设计方面，采用专家控制方法，综合考虑季节、原料等因素的影响，根据透气性模糊综合评判系统判断由于加水因素对烧结终点控制的影响。

2.3.3.3 烧结终点优化控制

烧结作业作为一种连续生产的工业过程，从混合料制粒到烧结成矿整个过程大概在 45min 左右，操作参数、原料参数对状态参数、指标参数的控制作用具有较大的滞后性。同时烧结过程状态影响因素众多，且影响因素之间相互耦合，具有强非线性，基于线性数学模型的传统控制方法难以达到实际的工艺指标要求。

基于烧结过程的以上特性分析，确定 BTP 混杂模糊-预测控制器的控制方式如下：

① 针对烧结过程难以建立数学模型的特点，利用模糊控制依靠专家经验而不依赖于被控对象的模型的优点，控制 BTP 稳定在理想位置范围内；

② 针对烧结过程时变、时滞特点，利用神经网络预测模型预测 BTP 的位置，采用预测控制器对 BTP 进行超前控制；

③ 深入分析 BTP 稳态的判决条件，设计一种基于中部风箱温度的软切换模型，准确地实现系统在两种控制器之间的平稳切换。

（1）BTP 智能控制模型。BTP 混杂模糊-预测控制器的结构如图 2.10 所示。

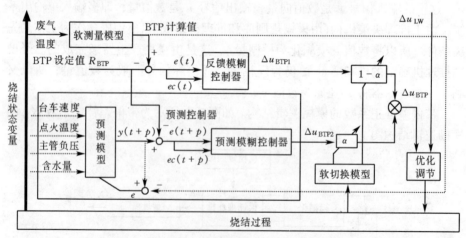

图 2.10　BTP 混杂模糊-预测控制器

针对烧结过程的不确定性和大时滞性，采用模糊控制和预测控制相结合的办法。利用模糊控制能依据操作人员的经验或相关领域的专家知识，模拟人的思维特点进行控制，不依赖于对象模型的优点，适用于被控对象的模型较难获得的场合，利用预测控制的预测功能，能利用系统当前信息预测出系统未来的变化趋势，对于解决具有滞后特性的烧结终点控制系统有极大的优势。将两种控制器相结合能充分发挥二者的优势，稳定烧结终点的控制。

当 BTP 处于稳态时，即 BTP 位置相对稳定，在短时间内不会有大幅度的变化，采用反馈模糊控制策略，模型输出以模糊控制器的输出为主，可有效地防止由于预测模型偏差给系统造成的波动，增强系统的鲁棒性；当 BTP 处于非稳态时，采用基于 BTP 神经网络预测模型的预测控制策略，模型输出以预测控制的输出为主，可有效地发挥预测控制超前调节的优势，改善模糊反馈控制对烧结系统大滞后性的不足，提高控制系统的性能。

（2）预测模糊控制器设计。预测控制器包括两个部分，BTP 神经网络预测模型和模糊控制模型，系统通过 BTP 神经网络预测模型，预测出时滞系统在 $\tau_s + T_m$（其中 τ_s 表示系统滞后时间常数，T_m 为系统惯性时间常数）时刻的响应后，反馈到系统，并与系统的设定值相比较，从而得到系统在 $\tau_s + T_m$ 时刻的误差，将此误差输入模糊控制器，求出系统当前时刻的控制量，并施加于实际动态系统之上，即完成一次预测控制。

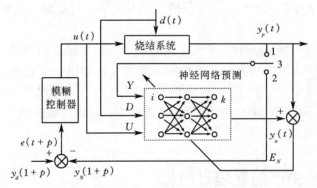

图 2.11　烧结终点模糊预测控制器原理图

时滞系统的未来响应特性与系统当前时刻的状态有关，其工作过程包括动态系统的特性辨识、动态系统未来响应的预测和模糊控制 3 个过程，其预测控制算法如下。

① 动态系统特性的辨识过程，开关 3 与 1 相连，以 $y_p(t)$ 为目标，训练神经网络，完成 BP 网络对时滞系统的模型辨识，这时有 $y_N(t) \approx y_p(t)$；

② 动态系统未来相应特性的预测过程，开关 3 与 2 相连，将 $y_N(t)$ 代替 $y_p(t)$，输入向量 y 中。

③ 将 Y 和 D，U 一起输入已训练好的 BP 网络，其中 D 为 BTP 相关影响因素的向量集，包括点火温度、混合料水分、料层厚度、大烟道废气温度等，向量 U 为台车速度的时间序列。通过已训练好的神经网络预测模型求出 $y_N(t + p)$。

④ 计算控制系统预测误差 $e(t+p)$。其中 $y_d(t+p)$ 为系统的期望输出，由 $e(t+p)$ 根据模糊控制推理，求出控制量 $u(t)$，即可实现对动态系统的控制。

⑤ 重复以上过程，直至整个过程结束。

模糊控制器和预测控制器切换的关键在于判断 BTP 是否处于稳定状态，若 BTP 处于稳态则以模糊反馈控制器的输出为主，反之以预测控制器的输出为主。由烧结过程分析可知：通过料层的风量增大，垂直烧结速度提高，中部风箱废气温度升高，烧结终点超前，主管负压降低；而当烧结终点滞后时，中部风箱废气温度下降，料层阻力增大，垂直烧结速度降低，主管负压升高。可见，中部风箱废弃温度可以直接反映烧结终点位置的变化。

(3) 软切换模型。BTP 混杂模糊预测控制模型的关键在于综合发挥反馈模糊控制器和预测控制器的优点，有效地提高系统的鲁棒性和快速性，软切换模型是连接两种控制方式的中间桥梁，决定着整个 BTP 控制模型的输出，若不能实现在两种控制方式之间的平滑过渡，严重时会引起控制器的波动，因此提出一种基于烧结中部风箱废气温度的模糊判断法，有效地改进整个 BTP 控制器的性能。

当 BTP 处于非稳态时，采用单纯的反馈控制已经不能满足系统的控制精度的要求，应该加大预测控制的作用，即增大软切换中 α 的值。相反，若中部风箱温度适中，并且 BTP 的位置处于 17.0 附近，则说明 BTP 处于稳态，为减小系统不确定干扰因素对预测模型的影响，应以反馈控制为主，即减小软切换中 α 的值。

2.4　烧结生产的管理自动化

2.4.1　烧结生产管理自动化的必要性和类型

实现企业管理功能的整体优化，使企业从粗放经营向集约经营转变，是促进企业技术进步的有效措施，为了在激烈的市场竞争中提高竞争力和降低成本，实施生产管理自动化是非常必要的，并能取得良好的经济效益。

现代烧结厂管理自动化，因工厂规模和发展情况而有几种不同的形式：

① 不单设管理计算机，而把管理功能附在过程计算机上，但这样系统一般管理功能较少，只有接受和编制生产计划、数据采集和实况记录等少数功能；

② 计算机管理信息系统(MIS)或单项的管理系统(如烧结生产的调度系统、财务管理系统、备件管理系统等)比较简单，为许多工厂所用，其关键是

网络(足够的节点、足够的数据容量、传输速度、安全性、可靠性和低成本等)、硬件和支持软件等的选取;

③ 作为计算机集成制造系统(CIMS)的一部分,它又有两种结构,即普鲁东模型五级系统中的生产控制级和三级系统中的制造执行系统(MES),后者和上级计算机的 ERP 相连被认为是目前最好的系统,因而正在迅速发展。此外,为提高效率,节约人力,有实现无人化的必要,无人化涉及多种技术,但管理自动化的多级计算系统是其中的重要一环。

2.4.2　烧结厂设备信息管理系统

在烧结厂中,设备信息管理系统,由于交换式光纤以太网以光纤为传输介质,速度快,把交换技术用于以太网的集线器(HUB)中,保证了每个用户的带宽,且使用灵活、维护方便,是组织局域网较好的方式。因此,本设备管理信息系统网络结构采用交换式光纤以太网。厂服务器采用联想万全 3200 型服务器,其 CPU 为 PHI450,硬盘容量 20G,内存 256M,显示器 38cm。各车间工作站使用 586 以上系列微机,并安装网卡。车间工作站通过集线器与服务器实现物理连接,组成工厂内部局域网。服务器安装 Windows NT Server 4.0 作为网络操作系统。网络协议使用 TCP/IP 协议。数据库采用 Microsoft SQL Server 7.0,用于存放设备信息。对于本系统,共享数据存放在服务器端,车间工作站可以分别处理数据,但若需读取共享数据,则必须通过网络向服务器端作读取申请,服务器端先对车间工作站所要求的数据查询条件进行处理,然后仅向车间工作站传送所要求的结果,以降低网络上大量数据的来回传送,各车间工作站可分担服务器的工作,从而大大提高系统的工作速度。服务器还需安装 IIS(Internet-Information Server)5.0、Visual Interdev 6.0 和 Frontpage 2000。信息服务器 IIS50 使用超文本传输协议(HTTP)、文件传输协议(FTP)在 Web 发布和共享现有文档和数据库。Visual Interdev 6.0 和 Frontpage 2000 作为网页开发工具,采用 ASP 技术、VBscript 和 Javascript 脚本语言建立动态网页。各车间工作站安装 Windows 98 操作系统和 IE(Internet Explorer)5.0 浏览器。

应用软件分为如下 4 个模块。

① 设备信息的录入、查询、修改、删除、打印和统计模块。各级管理员根据不同权限,通过这一模块完成设备信息(包括设备编号、名称、规格型号、工艺位置等)的录入、查询、修改、删除、打印和统计。

② 静态超链接查询模块。本模块完成设备静态超链接查询功能,即以车间工艺流程图为基础,对图上主要电气、机械设备的工艺位置加入超链接,点击工艺位置即可调出相应设备的信息显示页面。

③ 动态超链接查询模块。本模块完成设备工艺参数超链接查询功能，仍然以车间工艺流程图为基础，对图上主要设备工艺位置加入超链接，点击超链接即可调出相应设备的工艺参数(在自动化系统中已采集，并已存入数据库里)的实时数据和趋势曲线页面。

④ 错误检测模块。当系统发生错误时，本模块能够检测出发生错误的原因，并给出提示，以便管理人员及时排除故障，确保系统的安全运行。

鞍钢烧结总厂下辖有几个车间，每个车间又分为几个工艺系统。根据这一特点，设计信息管理系统主页采用单网页结构，其他网页采用框架结构，以便管理人员灵活地操作本软件。本软件要求管理员分为两级，第一级为厂管理员，第二级为车间管理员。厂管理员拥有设备管理的全部权限，即对全厂各车间的设备都能进行操作管理，而车间管理员在经厂管理员授权后，仅对本车间的设备拥有管理权限。鞍钢设备信息管理系统网络结构如图 2.12 所示，从图 2.12 中可以看出，主页上有球团车间、二烧车间、三烧车间、新烧车间、厂管理员登录 5 个子页面入口。两级管理员都可点击进入球团车间、二烧车间、三烧车间和新烧车间。进入某一车间后，一方面两级管理员都可以经过点击再进入该车间的任一子系统工艺图，进而点击工艺图上工艺位置查看相应设备的信息；另一方面，只有本车间管理员才可以通过验证权限经由登录入口进入本车间的功能操作页面，对本车间的设备进行信息的录入、查询、修改、删除和打印。厂级管理员可以从主页的厂管理员登录入口进入厂管理员的权限页面，进而对全厂各车间的设备进行管理。在图 2.13 中，各车间功能操作页面包括设备信息录入功能模块、查询功能模块、修改功能模块、删除功能模块和打印功能模块，全厂功能操作页面除包括这 5 个功能模块外，还有个统计功能模块。

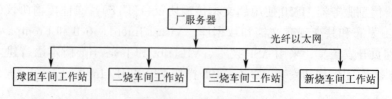

图 2.12　鞍钢设备信息管理系统网络结构

系统的主要功能包括：

① 电气、机械设备信息的录入、查询、修改、删除和打印；

② 设备信息的统计；

③ 基于生产工艺流程图的静、动态超链接查询；

④ 各级管理员权限的分配；

⑤ 系统错误的检测。

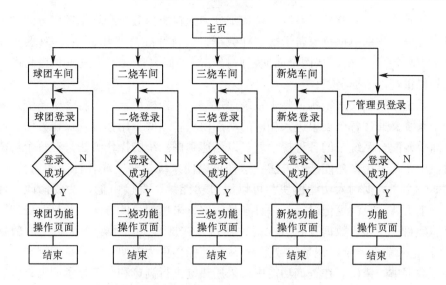

图 2.13 钢设备信息管理系统软件结构图

本设备信息管理系统已在鞍钢烧结厂投入运行，结果表明，系统安全有效、运行速度快，大大提高了设备管理工作的效率，并且显示出了设备管理工作的进步对企业生产的巨大促进作用。

2.4.3 烧结生产管理系统

现以柳州钢铁厂烧结厂的生产管理系统作为例子说明一个成本较低、功能较单一的系统。它是以 PC 机为核心组成的生产管理系统，包括下列 5 个子系统。

(1) 原料配比计算子系统。根据输入的各种原料，如熔剂、燃料、铁料等的化学成分，烧结矿的技术要求和原料的参考价格等数据，利用最优化计算方法，求出各种原料的配比，然后根据配比进行配料，为实现计算机自动配料作好充分准备。

(2) 生产日常管理子系统。根据输入的各种生产数据(如产量、质量和烧结机运行情况等数据)，进行分析和统计，并定时输出各种统计报表(周报、月报等)，为生产决策提供理论依据。

(3) 质量考核与奖励子系统。根据已制定的各工种的奖罚标准，然后根据其生产情况，算出其奖金分配额，并定时将该考核表下发给操作者，使每个操作者时时都有比较，并及时了解操作情况和产品质量，从而促进了生产的发展和产品质量的提高。

(4) 能源统计子系统。根据各种能源使用情况，进行分析处理，并根据系统结果，进行节能奖的发放，从而调动各岗位节能的积极性。

(5) 成分波动分析子系统。该系统分为配料成分分析和烧结矿成分波动分析两部分，分别根据每班若干次取样数据，进行标准公差和定点公差(偏离质量中点公差)等分析，从而全面地了解操作结果偏离程度，为改正和提高操作水平提供理论依据。

系统采用模块式结构，整个系统通过一个主控模块，进入各个子系统，每个子系统又通过各个菜单进入相应的功能模块。返回采用按键式操作方法，操作简单，配合系统中的各种提示就可以迅速掌握系统的操作方法。在每个功能模块中，都采用多功能选择方法，这样可以使系统快速完成各种功能的转化。例如：生产数据输入功能模块，可以通过功能键，直接由输入变成修改、插入、上下移动、浏览记录等，并且在显示中，采用配色的方法，使显示更加明了、醒目，当输入数据项目较少时，还可以在屏幕上显示若干次历史的数据(即该记录前面若干项记录的数据)，从而使操作更为方便，更容易发现和修正输入数据中的错误。在查询功能中，采用热键进行浏览和菜单显示两种查询方法的直接转换，而且根据设定来确定查询中是否允许修改数据和查询范围等，从而使查询中也可以快速修改数据，避免了查出系统数据错误时，要返回，并进入修改模块才能进行数据修改。在统计模块中，采用了索引等手段，从而大大提高了统计速度。在输出模块中，采用了可插入法，即表格中要增加新的项目时，只要在相应的表格库中增加一个记录，就可以完成表格增加项目的处理；反之，要取消某个项目时，仅需把该项目相应的表格库中的记录删除，即可达到目的，从而使表格输出功能更具有通用性。

由于烧结生产数据种类繁多，因此数据输入成为计算机管理的关键，即应使输入的数据尽可能正确无误。为此，在每一个输入环节都有数据检查和校核功能(如设定高低限，当该数据越界时就自动给出提示)等手段，从而减少了数据输入错误，大大地提高了系统的可靠性。此外，该系统还可以随时查询和了解烧结生产情况，以及各种分析结果、考核结果、质量分析结果等，也可随时或定时打印各种表格(如周报、月报、能源统计表、质量考核表、成分波动分析表等)。

本系统在生产中的应用，除了可以减轻统计人员和管理人员的劳动强度外。利用配比计算，就可以在保证烧结矿质量和充分利用现有原料前提下，降低成本 1 元/t，共可节约 50 万元。此外，由于计算机处理迅速，信息反馈及时，从而使生产调度及时，操作工人的操作水平提高，烧结矿的产量和质量都有较大幅度的提高，能耗也有较大降低，其中，产量提高了约 4%，焦比下降了 0.9%，约节焦 5.85kg/t，TFe 和 R 的稳定率都提高了 10%，生铁中硅的含量下降了 0.05%，冶炼节焦约 2kg/t，年节焦约 3925t，价值约 78.5 万元，考虑其他因素，如工人操作水平提高等，总效益还不止这些。

2.4.4　烧结厂制造执行系统(MES)

烧结厂的制造执行系统有两种形式，一种是作为炼铁厂制造执行系统的一部分，另一种是烧结厂有独立的制造执行系统。这主要决定于公司的管理体制，如宝钢的炼铁厂包括原料场、烧结和高炉，但国内大多数公司是独立的烧结厂，因而就适合设置独立的烧结厂制造执行系统，以下以唐钢烧结厂的制造执行系统为例加以说明。

(1) 唐钢烧结厂制造执行系统的目标。

① 以基础自动化、过程计算机系统为基础，建立分厂级全过程信息集成化管理系统；

② 实现生产过程自动化、经营管理科学化、总体高效的烧结生产计算机管理信息系统；

③ 提高分厂管理部门的科学管理水平；

④ 通过系统的建设，加强生产管理，达到分厂降本降耗，实现班组核算考核和细化管理的目的。

(2) 网络结构。网络结构如图 2.14 所示。系统构架为 2 台微机服务器、1台交换机、2 台微机、16 对专线 Modem 及 2 台打印机。软件平台为 Windows NT 4.0 Server 网络服务器、Sybase 11.5 数据库服务器、Windows NT 4.0 Workstation/Windows 98 客户端以及 Power Build 6.0 开发工具。

(3) 功能。共 10 个子系统。

① 生产管理子系统，包括原料统计、烧结统计、混堆管理、设备故障管理、班作业管理及传输等功能。

② 设备管理子系统，包括设备基础数据管理、设备维护标准管理、设备动态数据管理、设备故障管理、水电查询管理以及用户账户的维护等功能。

③ 财务子系统包括固定资产管理、成本管理、制造费用管理、报表管理、信息查询以及系统维护等功能。

④ 备件管理子系统，包括备件计划管理、备件库存管理、备件报表生成、备件查询和打印、系统维护以及帮助等功能。

⑤ 主料管理子系统，包括主料料单管理(入库、出库、结算单、盘库、错误数据修改)、报表生成、报表打印以及系统维护等功能。

⑥ 辅料管理子系统，包括辅料出入库管理、报表输出以及查询等功能。

⑦ 技术质量管理子系统，包括代码维护、原料管理、原料统计结果查询、烧结管理、烧结技术查询以及能源管理等功能。

⑧ 经济责任制管理子系统，包括车间统计考虑、正科以上奖金计算、全厂奖金计算、报表打印、系统维护以及查询分析等功能。

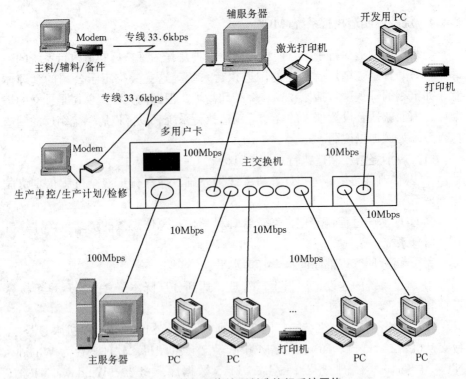

图 2.14　某钢厂烧结厂制造执行系统网络

⑨ 中控管理子系统，包括原料处理作业记录、原料设备故障记录、CFW切出量、槽位记录以及发送网络数据等功能。

⑩ 厂长查询管理子系统，包括生产信息查询、设备信息查询、备件信息查询、技术质量查询、财务信息查询、主料信息查询、辅料信息查询以及基础管理信息查询等功能。

(4) 应用软件及操作。应用软件采用模块结构形式，其显示是视窗形式，可从总目录点击有关子目录名称按钮来进入该子目录首页，该首页有该子目录名称、已登记的用户(指定可使用的用户，但可更改、删除或增添)的列表框和口令组合框，使用者输入，并经核对无误后，进入该系统的主页。

每个子系统主页的分目录是菜单形式，每个分目录由下拉菜单列出分项，点击这些下拉菜单的分项就可进入相应分项的页，在这些页中将显示实际信息，这些信息有的是人工输入的(输入并确认)，有些是自动输入和经自动处理后形成的。

第2章参考文献

[1] 马竹梧，等. 钢铁自动化：炼铁卷[M]. 北京：冶金工业出版社，2000.

[2] 张石，等. 可编程控制器在烧结配料系统中的应用[C] //钢铁工业自动化技术应用实践. 北京：电子工业出版社，1995.

[3] 刘铁. PLC在烧结控制中的应用[C] //工业自动化应用实践. 北京：电子工业出版社，2002.

[4] 卢海宁. DCS在烧结环冷余热回收仪控系统中的应用[C] //中国冶金自动化信息网，PC与现场总线及人工智能技术交流会论文集. 北海，2000.

[5] 马竹梧. 烧结过程的测量仪表和自动控制[J]. 冶金自动化资料，1975 (10)：30-41.

[6] 黄天正，等. 烧结生产控制专家系统[J]. 烧结球团，1997，22(5)：1-6.

[7] 高文东，等. 变频器在分料圆盘给料机上的应用[J]. 烧结球团，2000，25(1)：39-40.

[8] 李万新，等. 烧结混合料水分在线检测[J]. 烧结球团，2001.

[9] 唐贤容，王笃阳，张清岑. 烧结理论与工艺[M]. 长沙：中南工业大学出版社，1992.

[10] 李世俊. 中国钢铁工业产能增长情况及发展态势[J]. 冶金管理，2005，8(1)：18-22.

[11] Josef Ebner，等. 奥钢联林茨钢铁公司用模糊逻辑控制改善烧结厂生产操作[J]. 武钢技术，1998，9(3)：15-22.

[12] 胡志清，龙红明，范红青，等. 烧结矿化学成分控制系统在宝钢生产中的应用[J]. 烧结球团，2006，31(4)：26-30.

[13] 郑建新，李代平，万金德. 武钢一烧过程优化控制系统的开发[J]. 烧结球团，2005，30(5)：22-25.

[14] 王义飞，郝继旺，李香玲，等. 唐钢大型烧结机控制系统[J]. 系统与装置，2006(1)：46-51.

[15] 周长强. 济钢320m² 烧结机智能控制系统[J]. 中国冶金，2005，22(4)：444-445.

[16] 向齐良，吴敏，向婕，等. 烧结过程烧结终点的预测与智能控制策略的研究与应用[J]. 信息与控制，2006，25(6)：22-26.

[17] 唐少先，陈建二，张泰山，等．烧结智能控制系统信息模型和集成方法的探讨[J]．综述与评论，2004，28(3)：5-9.

[18] 王亦文，桂卫华，王雅琳．基于最优组合算法的烧结终点集成预测模型[J]．中国有色金属学报，2002，12(1)：191-195.

[19] 范晓慧，王海东．烧结过程数学模型与人工智能[M]．长沙：中南大学出版社，2002.

[20] 郭立新，李浩，黄秋野，等．烧结机模糊控制规则设计及其仿真[J]．东北大学学报：自然科学报，2006(10).

[21] 杜玉晓．铅锌烧结过程智能集成优化控制技术及其应用研究[D]．长沙：中南大学，2004.

[22] 姜宏州，张学东，张宏勋，等．烧结生产专家指导系统的研究[J]．烧结球团，2000，21(5)：21-24.

[23] 孙文东．烧结生产系统的优化与控制研究[D]．武汉：华中科技大学，2004.

[24] 刘玉长，桂卫华，周子民．基于软测量技术的模糊烧结终点控制研究[J]．烧结球团，2002，27(2)：27-30.

[25] 李桃．烧结过程智能实时操作指导系统的研究[D]．长沙：中南大学，2000.

[26] 李秀改，岳红，高东杰．复杂工业过程新型控制方法：混杂系统控制理论的研究[J]．综述与评论，2001.

[27] 赵文杰，刘吉臻，金秀章，等．时滞工业对象的一种建模及控制方法[J]．华北电力大学学报，2001，28(4)：29-32.

[28] Xiugai Li, Dexian Huang, Dongjie Gao. State Feedback Predictive Control for Hybrid System Parametric Optimization [J]. Chinese J. Chem. Eng., 2005.

[29] 张吉礼．模糊-神经网络控制原理与工程应用[J]．南京工业大学学报，2005，27(6)：90-93.

[30] 陆锦军．预测模糊协调控制在纯滞后系统中的应用[M]．哈尔滨：哈尔滨工业大学出版社，2003.

[31] 张立炎，徐华中，钱积新．一类混杂系统建模和优化控制的研究[J]．控制工程，2005，12(5)：409-411.

[32] 李秀改，高东杰．一类混杂系统模型预测控制[J]．信息与控制，2002，31(1)：1-4.

[33] Liao Jun, Er Meng Joo, Jianya Lin. Fuzzy-Neural-Network-based Quality Prediction System for Sintering Process[J]. IEEE Transactions

on Fuzzy Systems，2000．

[34]　许敏，李少远．基于多步预测性能指标的模糊控制器参数优化设计[J]．控制与决策，2004，19(12)：1327-1331．

[35]　谌晓文，邬捷鹏．基于 BP 神经网络的烧结终点预测模型[J]．烧结球团，2006．

[36]　Duoqing Sun，Wei Huo．Linear Multi-step Fuzzy Logic Systems[J]．Control Theory and Applications，2001．

[37]　张日东，王树青．基于神经网络的非线性系统多步预测控制[J]．控制与决策，2005，20(3)：332-336．

[38]　Barea Rafael，Mochon Javier，Cores Alesandro，Martin D.，Ramon. Fuzzy Control of Micum Strength for Iron Ore Sinter [J]．ISIJ International，2006．

[39]　杨寅华，烧结过程的模糊控制系统设计[J]．计算机应用与软件，2006，23(6)：24-25．

[40]　李少远，席裕庚．基于模糊目标和模糊约束的满意控制[J]．控制与决策，2000，15(6)：674-677．

[41]　黄洪钟，姚新胜，周仲荣．满意度原理研究与应用的现状与展望[J]．控制与决策，2003，18(6)：641-645．

[42]　Hommfar A，Mccormick E．Simultaneous Design of Membership Functions and Rule Sets for Controllers Using Genetic Algorithms[J]．IEEE Trans．Fuzzy Systems，1995．

[43]　王再明，何丽萍，高海洲．烧结模糊控制系统的设计与实现[J]．黄石高等专科学校学报，2004，20(4)：20-22．

[44]　郑红燕，基于模糊满意度的烧结终点智能优化控制策略研究及应用[D]．长沙：中南大学，2007．

[45]　田卫红．烧结配料优化专家系统的开发和应用[D]．长沙：中南大学，2007．

[46]　袁晓丽．烧结优化配矿综合技术系统的研究[D]．长沙：中南大学，2007．

[47]　袁晓丽，范晓慧，万新，等．烧结优化配矿模型的设计与软件开发[J]．中南大学学报：自然科学版，2009，40(6)：1476-1481．

[48]　韩延祥，王未磊，徐立哲，等．基于进化策略的烧结配料优化[J]．机械工程师，2009(8)：55-56．

[49]　吕涛，肖滕州，张丽君．烧结混合料水分控制的实现[J]．矿冶工程，2008(28)：214-216．

第3章　球团生产自动控制系统

3.1　球团生产工艺

　　球团生产是使用不适宜烧结的精矿粉和其他含铁粉料造块的一种方法。球团法是由瑞典的 A. G. Anderson 于 1913 年取得国内专利的，但正式用于实践是在 1943 年，美国开采一种低品味磁铁矿——铁燧石，精选出来的矿粉粒度很细，难以烧结，才开始了球团生产和用于高炉的试验。球团法在 20 世纪 50 年代中期开始了工业规模生产。由于各国天然富矿资源缺乏，必须扩大对贫矿资源的利用，正是球团工艺为细磨精矿造块开拓了新路，而且球团矿粒度均匀，还原性和强度好、微气孔多，故发展迅速，全世界 1980 年初年产已高达 3 亿 t，其中北美占一半以上。

　　所谓链篦机-回转窑球团法是一种联合机组生产球团矿的方法。它的主要特点是生球的干燥预热、预热球的焙烧固结、焙烧球的冷却分别在 3 个不同的设备中进行。而作为生球脱水干燥和预热氧化的热工设备——链篦机，是将生球布在慢速运行的篦板上，利用环冷机的余热及回转窑排除的热气流对生球进行鼓风干燥及抽风干燥、预热氧化，脱除吸附水或结晶水，并达到足够的抗压强度后直接送入回转窑进行焙烧，由于回转窑焙烧温度高，且回转，所以加热温度均匀，不受矿石种类的限制，并且可以得到质量稳定的球团。

　　球团工艺流程如图 3.1 所示。

　　目前，对于链篦机-回转窑球团法的控制还存在一些问题。例如：链篦机上料层厚度的控制，链篦机-回转窑温度场的控制都是难以实现的，主要依靠现场工人的操作经验来进行人工控制。影响链篦机上料层厚度的因素很多，如造球阶段圆盘造球机的工艺参数、水分的添加、原料的物理化学特性等。影响链篦机-回转窑温度场的因素主要由链篦机-回转窑各工艺段之间温度的耦合以及料层厚度的较大波动所导致，因此控制料层厚度对于温度场的控制有着极大的意义。

3.1.1　配　料

　　(1) 概述作为球团原料，不论磁铁矿、赤铁矿、褐铁矿等矿石的种类如何，第一个条件，必须是细粒物料。

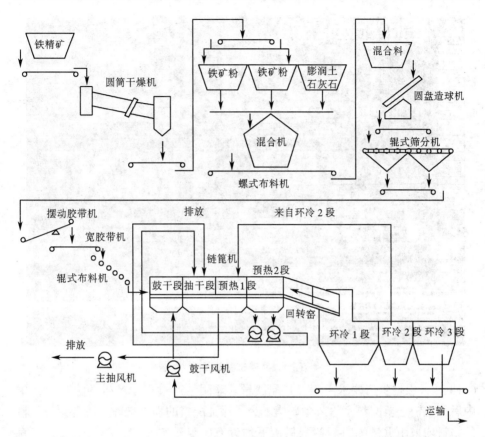

图 3.1　球团工艺流程

在考虑球团原料的配料时，根据厂址条件，大致分为两种情况。一种是在矿山就地生产球团，另一种是在钢铁厂内生产球团。

这两种情况下配料方式的差别是在矿山就地生产球团时，几乎都是用单一品种矿石生产普通球团，而在钢铁厂内，多数是用多种原料生产普通球团和自熔性球团。这里说的普通球团，是指单用铁矿石配料制出的碱度在 1.0 以下的酸性状态的球团，也叫酸性球团。而自熔性球团是由铁矿石与石灰石混合后制出的碱度在 1.0 以上的碱性状态的球团。本书以使用多种原料生产的自熔性球团的配料为例加以叙述。

（2）工艺流程。

工艺设置为

配料槽给料→称重计量→配合料→送混合机

工艺流程如图 3.2 所示。

膨润土、石灰石粉、无烟煤粉均采用气力输送方式分别送至各自矿槽。膨润土配加量为 7.4kg/t 球，石灰石粉配加量为 41.6kg/t，无烟煤粉配加量为

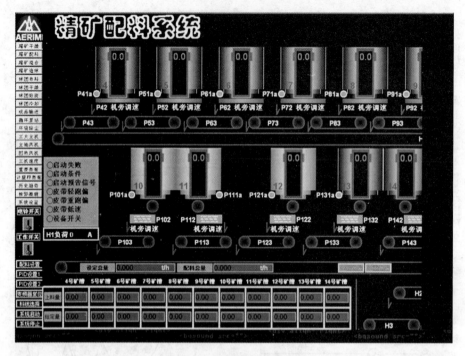

图 3.2　精矿配料系统

6.1kg/t，根据生产要求可调节其配加量。球团生产过程中产生的除灰尘经集中后气力输送至配料室除灰尘矿槽。为了保证配料的物料准确，所有参与配料的物料均采用重量配料。各配料槽下均设有定量给料装置，膨润土、石灰石粉、无烟煤粉及除尘灰，采用螺旋给料机的拖式皮带秤配料。整个配料过程由计算机按人工设定配比，由中央控制室集中控制，计量数据进入计量数据库。配料精度为 0.5%。

　　为了稳定配料，各配料矿槽设置重锤式和称重式两种料位计，以保证合适的料位范围，并设有最高料位、高料位、低料位 3 种报警，料位信号送中央控制室。

3.1.2　造　球

　　(1) 造球是将原料准备工序中含有最佳水分和黏结剂的粉状铁矿石滚制成生球的过程。一般广泛采用的造球设备有圆盘造球机和圆筒造球机。

　　(2) 造球原理以圆盘造球机为例，给入圆盘造球机内的物料受摩擦力和离心力作用，沿着圆盘回转方向被提升到上部，随后受到重力作用而滚下来。由于物料在造球机内滚动，在上述运动反复进行的同时长大成球。随着球粒的长大，摩擦力变化，质量增大，球粒很快地从造球机盘边上落下来，滚动范围缩小，自然地产生了分级作用。生球长大过程如下：粉状原料→母球(粒度 2～3mm)→小球(粒度 3～7mm)→成品生球(粒度 7mm 以上)。

小球是由粉料黏着在母球上面而形成的小粒球团，它与成品生球相同，只是粒度小些。生球长大的原理是：用黏结剂和水作为媒介物，由于造球机的旋转，使细粒粉矿像滚雪球一样黏附到母球上。按原理来讲，在固体(粉矿粒子)和液体(水)的相互之间，由粉矿粒子间的毛细现象所吸收的水的表面张力起着作用，这一凝集作用是主要的。伴随着这一现象而凝集起来的粉矿粒子，由于造球机的旋转而产生了架桥现象，于是长大成为规定粒度的生球。

由粉状物料到母球的过程，是靠粉料的毛细现象所吸收的水的表面张力作用，而由母球到成品生球的过程，则是靠母球滚动作用。

(3) 工艺流程。

工艺设置为：

混匀料→造球仓→定量给料→造球机→辊式筛分→合格生球汇集→送生球布料工序。

工艺流程如图 3.3 和图 3.4 所示。

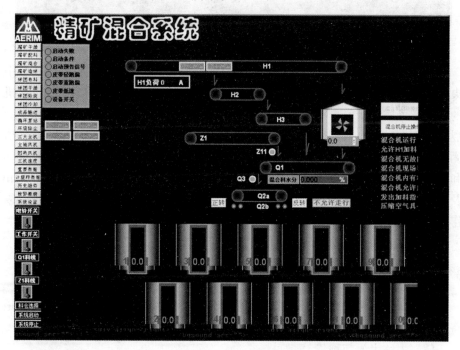

图 3.3　精矿混合系统

造球是球团工艺中一个十分重要的环节，生球质量的好坏直接影响球团烧结过程和成品球质量。经混合后的混合料用可逆移动胶带机运至造球室混合料

图 3.4　精矿造球系统

矿槽，矿槽均设有料位计，并设有高料位、低料位 2 种报警，料位信号送至中央控制室，槽下设备采用调速圆盘给料机和皮带秤组成定量给料系统。造球机的给料量可按设定值自动控制。每个造球机进料溜槽都配有疏料器，将压实的混合料疏松后再布料。造球机转速可调，倾角可调。在造球过程中采用雾状喷洒的方式添加 0.5%～1.0% 的水，以使混合料水分达到造球最佳值，设自动和手动两种控制方式。每台造球机对应 1 台 21 辊辊式筛分机，筛出低于 8mm 及高于 18mm 不合格生球，同时辊筛能将造球盘的排料全部卸到散料系统，以作清盘之用。生球返料经胶带机给至生球粉碎机，粉碎后返回重新造球。

混匀料仓设有自动水分测定仪，检测精度 1.0%，信号送至中央控制室。

3.1.3　焙烧球团法

（1）所谓焙烧就是将生球加热焙烧成为适合作为高炉炉料的过程，也就是将生球进行干燥(脱水)、预热、焙烧、冷却的一道工序。

（2）生球干燥与预热。

① 干燥，通常制出的生球含有 8.0%～10.0% 的吸附水。将这部分吸附水加热脱除的工序叫做干燥。在使用磁铁矿的情况下，球团干燥后可立刻给入预热阶段。可是在使用一部分赤铁矿或褐铁矿的情况下，在"$Fe_2O_3 \cdot nH_2O$"形

式的结晶构造中很多都含有结合起来的水分,这种水分叫做结晶水,加热脱除结晶水的工序叫做脱水。加热脱除结晶水的目的与脱除吸附水是相同的,不过,结晶水的分解温度要高些,一般为 350~400℃。

经过这样干燥、脱水的球团被给入预热段。

② 预热的目的是在较低温度下促进球团内的扩散连接,以助长球团在高温段内的焙烧固结。也就是说,球团强度主要是靠氧化铁(Fe_2O_3)中原子扩散而形成的连接(扩散连接)和矿渣成分熔融而形成的连接(熔融连接)。磁铁矿在预热段氧化,促进赤铁矿连接的生成,因而使预热球团获得较高的强度。

(3) 球团焙烧固结过程决定着成品球团的质量,焙烧球团法主要是竖炉法、带式焙烧机法和链箅机-回转窑法这 3 种方法。本书以链箅机-回转窑法为例进行阐述。

链箅机-回转窑系统主要是由链箅机、回转窑、冷却机三大设备组成的。链箅机的作用是用来干燥、预热。球团焙烧用的回转窑比水泥窑短些,而且球团回转窑的窑尾和窑头分别同链箅机和冷却机相联。冷却机是环式的,是由水平回转的台车和上部机罩所组成的。

生球在链箅机上加热脱除吸附水和结晶水并且预热,在回转窑内焙烧固结,在冷却机内冷却,最后成为成品球团。另外,从冷却机冷却用过的废气中,回收高温部分(900~1000℃)废气作为回转窑烧嘴的燃烧用风,而且回转窑的尾气用于链箅机上生球的干燥和预热。球团在回转窑内焙烧是在高温而且滚动状态下进行的,可以均匀受热,因此,无论矿石种类如何,均可获得质量较好的球团。

(4) 工艺流程。

均匀地将生球布到链箅机的箅床上→鼓风干燥段→抽风干燥段→预热Ⅰ段→预热Ⅱ段→进入回转窑→高温球团排出→固定条筛筛分→进入环冷机→卸矿溜槽→电液动扇形阀→进入冷却球团矿受料胶带机。如图 3.5~图 3.7 所示。

① 鼓风干燥。生球在鼓风干燥段内用 150~280℃ 的干燥气流进行干燥,除去生球附着水,同时可以避免下部生球过湿。鼓风干燥用热气流来自环冷机第三冷却段,通过风机和管路系统送往鼓风干燥段,并设冷风兑入阀,以使鼓风干燥风温度控制在 150~280℃,热风流由风机入口导板控制,以保护链箅机风箱恒压。

② 抽风干燥。抽风干燥段采用来自预热Ⅱ段约 350℃ 回收热废气对料层进行干燥,经由 1 号、2 号回热风机从抽干段烟罩进入,使生球脱水、干燥,并可以承受预热Ⅰ段 650℃ 以上温度。

③ 预热Ⅰ段。预热Ⅰ段主要工艺作用是加热和升温,球团内化学水及碳酸盐开始分解,内配煤燃烧及氧化反应开始,热源为来自环冷机二冷段 650℃

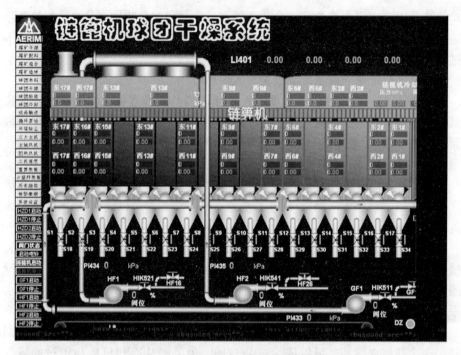

图 3.5　链箅机球团干燥系统

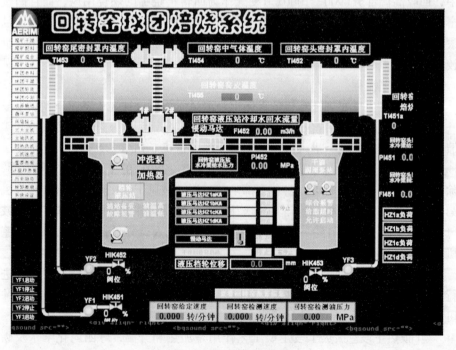

图 3.6　回转窑球团焙烧系统

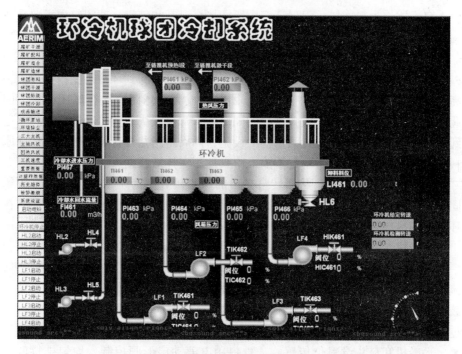

图 3.7　环冷机球团冷却系统

左右的热废气，并部分补充来自预热二段 1100℃ 左右的热气流，这股热气流通过预热Ⅰ段与预热Ⅱ段烟罩间隔墙孔导入。来自环冷机二冷段热废气通过管路直接进入预热Ⅰ段烟罩。

　　④ 预热Ⅱ段。在预热Ⅱ段，在继续加热升温中，球团内的矿物进一步分解完成，内配煤燃烧完毕，氧化反应基本完成，并完成了部分固结硬化，使球团有一定强度，能经受由链篦机落到回转窑时的冲击，在回转窑运动过程中不至破碎。其热源主要来自窑尾 1100℃ 左右的热气流。

　　因以赤铁精矿为原料，矿石中 FeO 含量低，链篦机上的热量主要靠外部供给，为保证入窑预热生球的强度，除内配煤燃烧及回转窑提供热量外，链篦机预热Ⅰ、Ⅱ段还增设辅助烧嘴，烧嘴以天然气为燃料，以提供补充热量，使预热废气达到预热需要的温度。

　　在预热Ⅱ段烟罩顶部设放散烟囱和放散阀，作为烘炉和故障操作用。

　　生球在链篦机上干燥、预热后，将满足抗压强度要求的预热球经铲料板、溜槽进入回转窑。

　　⑤ 球团焙烧。球团矿的焙烧、固结过程在回转窑中完成。经过链篦机预热后的球团通过铲料板和给料溜槽给入回转窑中，并随回转窑沿周边翻滚的同时，沿轴向朝窑头移动，将焙烧用天然气及环冷机一冷段 950～1200℃ 热废气

引入窑头罩作为二次风，以保证窑内所需焙烧温度和气氛。球团窑内主要受热辐射作用，边翻滚边焙烧，从而得到均匀焙烧。球团焙烧温度 875～1175℃，球团矿在回转窑内停留时间约 25～35min。

焙烧好的球团通过回转窑窑头罩内溜槽和固定筛卸到环冷机受料斗内。在高温状态下，偶尔会有粉料和过熔球团黏结成大块球团，混在球团矿中。因此，在回转窑窑头排料口设置水冷的固定筛，筛出大块球团，冷却后由汽车运到原料场。大块球团间设置洒水抑尘设施，四周封闭并设置除尘吸口。运往原料场的大块球团，其质量由终端输入中央控制室计量数据库。

⑥ 成品球团矿冷却。从回转窑排出的球团矿温度为 1100℃，经过窑头罩固定筛，将大块筛出后，通过环冷机受料斗均匀布在环冷机台车上。球团矿在环冷机内冷却到 120℃ 以下。

环冷机炉罩分为 4 段，一冷段近 1050℃ 热气流通过受料斗上部窑头罩和平行管道直接入窑作二次风，提高窑内氧化气氛和温度。二冷段近 700℃ 热气流通过热风管直接引入链箅机预热 I 段作为热源。三冷段低温风被送至链箅机鼓风干燥段。四冷段低于 120℃ 废气通过环冷机上烟窗排放。环冷机鼓风机通过风门自动调节冷却风量，在满足回热风温度的前提下完成冷却任务。

环冷机卸料斗设料位传感器，排料用电液动扇形阀控制，均匀排料低于 120℃ 球团矿通过三通卸料斗卸到胶带机上，此处胶带机为双系统，互为备用。胶带机头部采用溢流溜槽，正常生产时将球团矿卸到一条胶带机上运至筛分室，在突发事故时，这里的双系统能保证把环冷机卸下的料运出，并通过专门的自溢流漏斗，把球团矿落地，这样可以保证回转窑和环冷机的料排空并做到有序停车，保护主要设备，减少损失。主要控制设备和仪表如表 3.1～表 3.15 所示。

表 3.1　　　　　　　　　　**精矿干燥室**

精矿干燥室	
序　号	主要工艺设备
1	胶带机（电动机、减速机）
2	转筒干燥机（主、辅电机，油泵电机）
3	干燥炉（鼓风机、圆盘和提升机）(2)
4	胶带机用电液动单侧犁式卸料器
5	带式除铁器
6	振动器(8)
7	起重设备

表 3.2　　　　　　　　　　　　高压辊磨室

高压辊磨室	
序　号	主要工艺设备
1	胶带机(电动机、减速机)
2	振动漏斗
3	高压辊磨机(电动机、分料器)
4	振动器
5	起重设备

表 3.3　　　　　　　　　　　　配 料 室

配料室	
序　号	主要工艺设备
1	胶带机(传动电机、减速机和运行电机)
2	振动漏斗
3	圆盘给料机(9)
4	配料电子秤
5	手动插板阀
6	螺旋给料机(13)
7	拖式皮带秤
8	48 袋仓顶收尘器
9	振动器
10	起重设备

表 3.4　　　　　　　　　　　　混 合 室

混合室	
序　号	主要工艺设备
1	胶带机(电动机、减速机)
2	立式强力混合机
3	转子电机(2)
4	混合筒电机
5	卸料门电机
6	油冷却器电机
7	油泵电机
8	振动器
9	起重设备

表 3.5　　　　　　　　　　　　　造　球　室

造球室	
序　号	主要工艺设备
1	胶带机(电动机、减速机)
2	振动漏斗
3	锥磨机(1)
4	电振给料机(1)
5	圆盘给料机(9)
6	圆盘造球机(刮刀电机、电动润滑泵和加脂泵)(9)
7	电动滚筒
8	辊式筛分机
9	起重设备

表 3.6　　　　　　　　链箅机-回转窑-环冷机

链箅机-回转窑-环冷机	
序　号	主要工艺设备
1	胶带机
2	摆动皮带给料机(传动电机、摆动电机)(1)
3	宽胶带机(1)
4	辊式布料机(1)
5	链箅机(电机、干油润滑系统、双层卸灰阀风箱调节阀执行器、事故烟囱电机)(1)
6	链箅机风箱阀门(19)
7	胶带机(电动机)链箅机部分
8	生球破碎机(1)
9	Φ500 电动蝶阀
10	链箅机预热Ⅰ段辅助燃烧装置(助燃风机、电动机)
11	链箅机预热Ⅱ段辅助燃烧装置(助燃风机、电动机)
12	回热风机(主电动机、停机慢动装置、电加热器电机)(2)
13	回热风机液力耦合器(2)
14	回热风机阀门(2)
15	对冷风阀(3)
16	回热组合式高效多管除尘器(2)
17	鼓风干燥风机(主电动机、停机慢动装置、电加热器电机)(4)
18	鼓风机阀门(4)

续表 3.6

链箅机—回转窑—环冷机	
序　号	主要工艺设备
19	鼓风干燥组合式高效多管除尘器
20	105m² 单室四电场除尘器
21	气力输送装置
22	电液动颚式闸门
23	辅助、起重设备
24	回转窑(液压马达油泵电机(4)、液压挡轮油泵电机、辅助油泵电机、干油润滑电机、慢动电动机(1)、液压马达冲洗泵(1)、加热器(1))(1)
25	电铃(1)
26	受电开关(3)
27	PL450-A 斗式提升机(1)
28	窑头结构冷却风机(1)
29	窑尾结构冷却风机(1)
30	窑尾给料溜槽冷却风机(1)
31	环冷风机电动蝶阀(2)
32	换冷风机电动卸矿阀(1)
33	手动插板阀
34	球团环冷机(主电机、卸矿阀电机、给料斗隔墙冷却风机电机、环冷机电机冷却风机)
35	No 1 冷却风机
36	No 2 冷却风机
37	No 3 冷却风机
38	No 4 冷却风机
39	环冷风机阀门(4)
40	压气机(5)
41	9-19NO.11.2D 离心通风机
42	Φ650 电动蝶阀
43	柔性连接器
44	称煤计量系统
45	罗茨风机
46	Φ400 电动蝶阀
47	四通道煤粉燃烧器
48	手动插板阀
49	防爆阀
50	仓顶袋式收尘器
51	燃气热风炉Ⅰ助燃风机
52	燃气热风炉Ⅱ助燃风机
53	环冷除尘器(2)

表 3.7　　　　　　　　　主抽风机-主电除尘器

主抽风机-主电除尘器	
序　号	主要工艺设备
1	主抽风机(主电机、风机执行机构、油站油泵电加热器)(1)
2	液力耦合器(1)
3	主抽风机阀门(1)
4	双层卸灰阀(38)
5	285m² 双室四电场除尘器(1)
6	螺旋输出器
7	Φ300 电液动叉板式双层卸灰阀

表 3.8　　　　　　　　　　筛 分 室

筛分室	
序　号	主要工艺设备
1	胶带机(电动机、减速机)
2	2575 振动筛
3	电液动颚式闸门
4	起重设备

表 3.9　　　　　　　　烟煤煤粉制备系统

烟煤煤粉制备系统	
序　号	主要工艺设备
1	胶带机
2	$B=650$ 胶带机用电液动单侧犁式卸料器
3	密封式定量给煤机
4	辊盘式煤磨
5	星形卸灰阀(8)
6	螺旋输送机
7	电液动插板阀
8	引风机
9	气力输送装置
10	手动插板阀
11	沸腾炉(鼓风机、圆盘、提升机、冷却风机、电动配风阀、高温气动应急阀螺旋给料机)
12	Φ1200 电动蝶阀
13	防爆阀
14	仓顶袋式收尘器
15	辅助设备

表 3.10　　　　　　　　　　　　　　无烟煤煤粉制备系统

序　号	主要工艺设备
	无烟煤煤粉制备系统
1	胶带机
2	密封式定量给煤机
3	辊盘式煤磨
4	煤粉袋式收集器
5	星型卸灰阀
6	螺旋输送机
7	电液动插板阀
8	引风机
9	气力输送装置
10	手动插板阀
11	沸腾炉(鼓风机、圆盘、提升机、冷却风机、电动配风阀、高温气动应急阀螺旋给料机)
12	电动蝶阀
13	防爆阀
14	仓顶袋式收尘器
15	辅助设备
16	犁式卸料器

表 3.11　　　　　　　　　　　　　　　原煤破碎室

序　号	主要工艺设备
	原煤破碎室
1	胶带机
2	电液动单侧犁式卸料器
3	圆盘给料机
4	配料电子秤
5	振动筛
6	锤式破碎机
7	斗式提升机
8	除铁器
9	辅助、起重设备

表 3.12　　　　　　　　　　　　　　　　转 运 站

序　号	主要工艺设备
	转运站
1	胶带机
2	起重设备

表 3.13　　　　　　　　　　　　　　　膨润土储存间

序　号	主要工艺设备
	膨润土储存间
1	斗式提升机
2	辅助、起重设备

表 3.14　　　　　　　　　　　　除 尘 系 统

原料布袋除尘系统

序　号	主要工艺设备
1	脉动袋式除尘器
2	离心通风机
3	配电动机
4	消声器
5	气力输送泵
6	星型卸灰阀

环境布袋除尘系统

序　号	主要工艺设备
1	脉动袋式除尘器
2	离心通风机
3	配电动机
4	螺旋输送机
5	气力输送泵
6	星型卸灰阀

精矿干燥除尘系统

序　号	主要工艺设备
1	烧结板除尘器
2	锅炉鼓风机
3	配电动机
4	螺旋输送机
5	星型卸灰阀

表 3.15　　　　　　　　　　水道主要设备

水道主要设备

序　号	主要工艺设备
1	离心清水泵
2	多相自动过滤器
3	水垢净
4	灭菌灵
5	水泵及罐
6	立式排污泵
7	玻璃钢冷却塔
8	空压机
9	配电动机
10	微热干燥装置
11	其他设备

3.2　球团生产中的检测和自动控制系统

　　以弓长岭第二球团厂 200 万 t 链箅机-回转窑球团生产线工程为例,由铁精矿粉、石灰石和膨润土等按一定质量配料造成生球,然后进链箅机-回转窑,机尾出来的熟球经过筛分,8～18mm 的熟球作为成品球团矿送高炉,不合格的球团经球磨机磨细后,作为返矿重新配料造球焙烧。其检测和自动控制系统包括下列几个主要系统。

　　(1) 配料段。

　　① 铁精矿给料槽给料量调节、指示、记录、累积仪表:LA1-1～LA4-1;

铁精矿给料槽料位指示、报警:LA1-2～LA4-2。

　　② 膨润土、石灰石粉、无烟煤粉、除灰尘矿槽料量调节、指示、记录、累积仪表:LA5-1～LA8-1;

膨润土、石灰石粉、无烟煤粉、除灰尘槽料位指示、报警:LA5-2～LA8-2;

膨润土、石灰石粉、无烟煤粉、除灰尘槽来料量指示、记录仪表:LA5-3～LA8-3。

　　③ 原料称量及比例配料装置:WRS/A-20,WRCSA/A-2-1,WRCSA/A-2-6。

　　(2) 造球段。

　　① 造球机混合料矿槽精矿水分测定装置:MR/1,它使用中子水分计来测量。

　　② 混合料矿槽料位检测及控制装置:9 个料位槽,共 9 个检测点,它检测混合料矿槽料位并在料空时发出警报信号,使卸料机往空的料槽装料。

　　③ 向造球盘定量给料量:9 个圆盘造球机检测点共 9 个。

　　④ 生球量:检测点 9 个。

　　⑤ 返球散料量:检测点 1 个。

　　⑥ 造球机转速控制:控制量 9 个。

　　(3) 链箅机段。

　　① 两台电子秤 WT1、WT2,指示控制器 WCA1:在生球胶带运输机和返矿胶带运输机上分别装两台电子秤 WT1、WT2,对未经过辊筛的生球瞬时流量和返球瞬时流量进行称量,两称量信号之差就是进入链箅机生球瞬时流量,送给指示控制器 WCA1。由于链箅机的宽度和铺底料均为定值,因此将该生球瞬时流量作为指示控制器的机速设定值,即可使链箅机速度随生球瞬时流量而成比例变化,以使链箅机上的铺料厚度保持稳定值,以利于生球的干燥和预

热。此外，还设有链篦机和除尘器各部分的温度、压力检测，并在中央监视CRT上监视干燥过程。

② 链篦机鼓风干燥段烟罩内温度：东、西两侧各 1 个烟罩，检测点共 2 个；链篦机鼓风干燥段烟罩内压力：东、西两侧检测点 2 个；链篦机鼓风干燥段风箱内温度：东、西两侧各 2 个风箱，检测点共 4 个；链篦机鼓风干燥段风箱内压力：东、西两侧各 2 个风箱，检测点共 4 个。

③ 链篦机抽风干燥段烟罩内温度：东、西两侧各 1 个烟罩，检测点共 2 个；链篦机抽风干燥段烟罩内压力：东、西两侧检测点 2 个；链篦机抽风干燥段风箱内温度：东、西两侧各 3 个风箱，检测点共 6 个；链篦机抽风干燥段风箱内压力：东、西两侧各 3 个风箱，检测点共 6 个。

④ 链篦机预热段 I 段烟罩内温度：东、西两侧各 1 个烟罩，检测点共 2 个；链篦机预热段 I 段烟罩内压力：东、西两侧检测点 2 个；链篦机预热段 I 段风箱内温度：东、西两侧各 2 个风箱，检测点共 4 个；链篦机预热段 I 段风箱内压力：东、西两侧各 2 个风箱，检测点共 4 个。

⑤ 链篦机预热段 II 段烟罩内温度：东、西两侧各 2 个烟罩，检测点共 4 个；链篦机预热段 II 段烟罩内压力：东、西两侧 2 个烟罩，检测点 4 个；链篦机预热段 II 段风箱内温度：东、西两侧各 4 个风箱，检测点共 8 个；链篦机预热段 II 段风箱内压力：东、西两侧各 4 个风箱，检测点共 8 个。

⑥ 链篦机运行速度：检测点 1 个。

⑦ 链篦机料层厚度：检测点共 4 个。

除了上述的检测装置，链篦机还有一些其他的检测和控制装置，如预热段 I 段和预热段 II 段的燃气自动点火控制，低压关断控制，摆动胶带机指示、控制仪表，可燃气体报警监测装置。

(4) 回转窑段。

① 回转窑窑内气体焙烧温度：检测点 2 个；

② 回转窑窑头密封罩内温度：检测点 1 个；

③ 回转窑窑尾密封罩内温度：检测点 1 个；

④ 回转窑传动冷却水给水压力：检测点 1 个；

⑤ 回转窑传动冷却水回水流量：检测点 1 个；

⑥ 回转窑运行速度控制：控制量 1 个；

⑦ 回转窑喷煤量：控制量 1 个；

⑧ 回转窑助燃风量：控制量 1 个。

除了这些主要的检测装置外，还有回转窑喷煤辅助烧嘴燃气自动点火、低压关断控制。

(5) 环冷机段。

① 环冷机 I 、 II 、 III 冷段回热风温度：检测点 3 个；

② 环冷机排料料温：检测点 1 个；

③ 环冷机速度控制：控制量 1 个；

④ 环冷鼓干风机入口风门反馈控制：控制量 1 个；

⑤ 鼓干废气前温度：检测点 1 个；

⑥ 环冷 I 、 II 、 III 段环冷机风门反馈控制：控制量 3 个。

此外，还有环冷机卸料溜槽料位指示、记录、报警装置和成品球团矿球量指示、记录装置。

上面 5 个工作室中的检测装置是链篦机-回转窑球团法的主要装置，现将一些辅助设备的检测装置简单介绍如下。

(6) 主电除尘、主抽风系统和回热风机系统。

① 主电除尘入口温度、压力：检测点各 1 个；

② 主抽风机入口温度和定子温度：检测点各 1 个；

③ 主抽风机前、后轴振动：检测点 2 个；

④ 主抽风机风门反馈控制：控制量 1 个；

⑤ 主抽风机液力耦合器开度控制：控制量 1 个；

⑥ 回热风机入口温度：2 个回热风机，共 2 个检测点；

⑦ 回热风机前、后轴振动：2 个回热风机，共 4 个检测点；

⑧ 回热风机定子温度：2 个回热风机，共 2 个检测点；

⑨ 回热风机风门反馈控制：2 个回热风机，共 2 个控制量；

⑩ 回热风机液力耦合器开度控制：2 个回热风机，共 2 个控制量。

3.3　球团生产的过程优化控制

3.3.1　链篦机-回转窑机速自适应智能控制系统设计

近年来链篦机-回转窑法焙烧球团矿的工艺发展很快，2003 年和 2004 年鞍钢在弓长岭矿(以简称弓矿)先后建立了两条年产 200 万 t 球团矿生产线。链篦机-回转窑是一种联合机组，包括链篦机、回转窑、冷却机及其附属设备。生球首先于链篦机上干燥、脱水、预热，而后进入回转窑内焙烧，最后在冷却机上完成冷却。除了各个环节的温度控制外，链篦机、回转窑和环冷机的机速控制会直接影响球团质量。因为链篦机机速会影响料层厚度，从而影响生球在链篦机上的干燥、脱水、预热效果，回转窑的机速控制会影响球团回转窑内的停留焙烧时间和回转窑的填充率，同样还冷机的机速控制会影响球团的最终产品质量。目前，在现有的弓矿链篦机-回转窑控制系统中，采用人工根据链篦机的料层变化情况，手动调节链篦机、回转窑和环冷机机速，从而造成球团生产质量受人为因素的影响，不利于球团生产质量的提高。结合生产实践，设计基于动态专家控制的链篦机机速自动控制系统，解决链篦机料层厚度的自动控制问题，并且根据链篦机机速和料层厚度变化采用智能控制策略实现回转窑和还冷机的速度自动调节。

3.3.1.1 链篦机料层厚度控制工艺

为保持链篦机上料层的透气性和球团温度控制的稳定性，必须保证规定的球层厚度和球层厚度变化的稳定性。球团布料系统如图 3.8 所示，其中 L1 为送料传送皮带、L6~L10、M1、M2、Z1 和 Q1 为返料传送皮带，L2 为摆动皮带，L3 为宽皮带，L4 为辊式布料器，L5 为链篦机，WIC 为电子秤，WIC1 检测生球料量，WIC2 检测生球的返矿量，SIC 检测链篦机机速，LIC 检测链篦机料层厚度。原料经过球盘造球机成球，筛去尺寸大的生球，经皮带传送在辊式布料器筛去尺寸小的生球后在链篦机料层布料，返料经返料传送皮带传送至料仓。

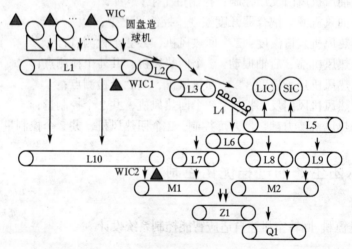

图 3.8 球团布料系统

3.3.1.2 链篦机料层控制策略的分析

目前，弓矿关于链篦机料层控制方面采用人工手动控制方法，主要是根据组态画面的监控数据，包括生球料量、链篦机料层厚度、当前链篦机机速设定值，另外链篦机监控窗口中，从辊式布料器到链篦机之间的生球布料堆积角也是操作者参考的主要依据。

（1）链篦机机速前馈控制方法。链篦机机速前馈控制方法主要是根据 WIC1 测定生球布料量，按照式（3.1）计算链篦机速度 s_1(m/min)，每 2min

进行一次机速前馈控制。

$$s_1 = \frac{W}{KL_0W_0} \tag{3.1}$$

式中，s_1 为链篦机速度，m/min；W_0 为链篦机宽度，mm；L_0 为篦机料层厚度给定值，mm；W 为生球布料量，kg/min；K 为生球堆比重，t/m$^3 \times 10^6$。

其中 K 并非定值，它通过实际检测量，按式（3.2）算得。

$$K = \frac{W_P}{V_PL_PW_0} \tag{3.2}$$

式中，W_P 为生球布料量，kg/min；V_P 为链篦机速度，m/min；L_P 为链篦机料层厚度测定值，mm。

每 2min 用 WIC 读一次生球布料量 W_P，用 SIC 读链篦机机速返回值 V_P，再用 LIC 读入料层厚度，计算 K 值，每隔 30min 用平均值校正 1 次。

该算法计算简单且容易实现，但是现场生球料量波动较大，且生球量的测量绝对值不是十分准确(若要计量准确，WIC 电子秤需要经常校正)，同时生球料量计量秤现场安装位置，对于实时控制而言都有时间滞后的问题，而且链篦机料层厚度设定值一般是一个范围(弓矿设定为 165～195)，因此该算法在实际应用控制时，料层厚度波动较大，不利于温度控制，控制效果不好。

（2）链篦机料厚反馈控制方法。由于生球布料量无法检测，而链篦机厚度可以检测，因此可以采用链篦机料厚反馈控制方法，链篦机速度设定为

$$S_1 = \frac{V_PL_i}{L_0} \tag{3.3}$$

$$L_0 = \begin{cases} L_{min}, & L_i < L_{min} \\ L_{max}, & L_i < L_{max} \end{cases} \tag{3.4}$$

式中，L_i 为第 i 时刻的链篦机料层厚度；V_P 为投入自动控制前的链篦机当前机速；L_{min}，L_{max} 为链篦机料层厚度的允许偏差范围。

该方法解决了生球布料量无法直接测得的问题，但由于链篦机测厚仪现场安装位置距离布料点 1.5m 左右，相对于链篦机机速有 20～30s 的滞后时间。而且生球料量波动范围较大、波动的频率较快，因此该方法在实际应用控制时，当生球料量变化频率较大时，链篦机的机速调整幅度较大、且造成料层厚度周期性变化，不利于温度控制，控制效果不好。

（3）基于专家知识库料层控制方法的提出，根据对上述两种方法的分析，链篦机料层厚度的控制受到以下几个因素的影响：

① 球盘造球机生球产量不稳定造成生球量波动较大；

② 生球返矿量包含链篦机机前返矿和链篦机内部返矿，而且测量点安装位置较远，存在时间滞后的问题，从而无法精确测量并参与控制；

③ 链篦机料层厚度测厚点距离链篦机机头有一段距离，厚度反馈有时间滞后的问题存在；

④ 布料机摆动皮带布料控制的均匀性造成料层厚度波动。

基于上述考虑，提出采用链篦机机速动态自适应专家控制的厚度前馈控制系统方法，其控制原理如图 3.9 所示。

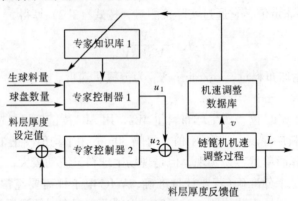

图 3.9　链篦机机速自适应专家控制系统

在图 3.9 中，专家控制器 1 主要是由生球料量和球盘数量建立的专家控制系统，通过对现场生球料量和球盘数量的实时数据，根据专家规则表输出链篦机机速控制量 u_1。根据料层厚度变化经专家控制器 2 得到的速度控制量 u_2 是对控制量 u_1 的修正。链篦机机速修正后进入机速数据库，根据机速修正原则更新专家知识库 1 的专家知识，实时修改专家控制器 1 的专家规则。专家规则需要不断更新的原因是，生球料量自身的波动性和返矿量的不确定性。

3.3.1.3　自适应专家控制系统的设计

链篦机料厚自适应专家控制系统中，其中包含 2 个专家控制器。专家控制器 1 的设计首先根据球盘数量建立对应的链篦机生球料量与机速的专家规则库，专家控制规则如下。

IF 当前参与生产的球盘数量为 i，Then $R_c = R_{ij}$

R_{i1}：IF 生球料量 $W \in [W_1, W_1 + \Delta W]$，Then 机速 $S = u_{i1}$；

R_{i2}：IF 生球料量 $W \in [W_1 + \Delta W_1, W_1 + 2\Delta W_1]$，Then 机速 $S = u_{i1} + \Delta u$；

……

R_{ij}：IF 生球料量 $W \in [W_1 + (j-1)\Delta W_1, W_1 + j \times \Delta W_1]$，Then 机速 $S = u_{i1} + j \times \Delta u$。

链篦机料层厚度变化根据生产实际情况定义如下：

$$H < H_{min}, \quad H_{min} \leqslant H \leqslant H_{fit\_L}, \quad H_{fit\_U} \leqslant H \leqslant_{max}, \quad H > H_{max}$$

　　鉴于生球布料过程无法实现料层厚度绝对平均，即在料层厚度波动较大，判定料层厚度实际上是判定料层厚度的取值在上述哪个范围内波动，因此专家控制器 2 规则设计思想主要是根据实时料层厚度在上述厚度范围内出现的频率变化而决定是否改变链篦机机速，具体如下。

　　l_1：IF 在控制周期内 $H < H_{\min}$ 出现频率 $f > f_1$ 且 $f > f_2$，Then $V = -2\Delta v$；

　　l_2：IF 在控制周期内 $H_{\min} \leqslant H \leqslant H_{\text{fit\_L}}$ 出现频率 $f > f_2$，Then $V = -\Delta v$；

　　l_3：IF 在控制周期内 $H_{\text{fit\_L}} \leqslant H \leqslant H_{\text{fit\_U}}$ 出现频率 $f > f_3$，Then $V = 0$；

　　l_4：IF 在控制周期内 $H_{\text{fit\_U}} \leqslant H \leqslant H_{\max}$ 出现频率 $f > f_2$，Then $V = \Delta v$；

　　l_5：IF 在控制周期内 $H > H_{\max}$ 出现频率 $f > f_1$ 且 $f > f_2$，Then $V = 2\Delta v$。

链篦机机速输出为

$$S_{km} = S + V \tag{3.5}$$

专家控制器 1 的机速自适应修正公式为

$$u_{ij} = \sum_{m=1}^{n} \frac{S_{km}}{n} \tag{3.6}$$

根据式（3.6）计算机速修正值后，更新专家控制器的所有专家规则。

3.3.1.4　程序设计和实现

　　（1）控制软件结构。数据采集和处理等功能由原有的监控软件完成，链篦机厚度自适应专家控制软件系统只需通过 OPC 接口读入数据，算法完成后再通过 OPC 接口下发控制量。应用程序开发工具选择 VB 6.0 可视化编程工具，是一种可视的、面向对象和采用事件驱动方式的结构化高级程序设计语言，可用于开发 Windows 环境下的各类应用程序。在 Visual Basic 环境下，利用事件驱动的编程机制、新颖易用的可视化设计工具，使用 Windows 内部的广泛应用程序接口（API）函数，动态链接库（DLL）、对象的链接与嵌入（OLE）、开放式数据连接（ODBC）等技术，可以高效、快速地开发 Windows 环境下功能强大、图形界面丰富的应用软件系统。本系统与 WINCC 监控软件的关系如图 3.10 所示。

　　（2）控制流程。链篦机料层厚度专家自适应自动控制流程如图 3.11 所示，控制流程中主要包含控制系统初始化模块、球盘变化处理模块、生球料量-机速专家控制模块、料层厚度-机速专家控制模块

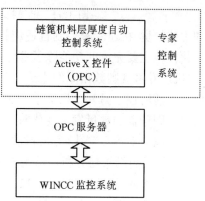

图 3.10　控制系统框架示意图

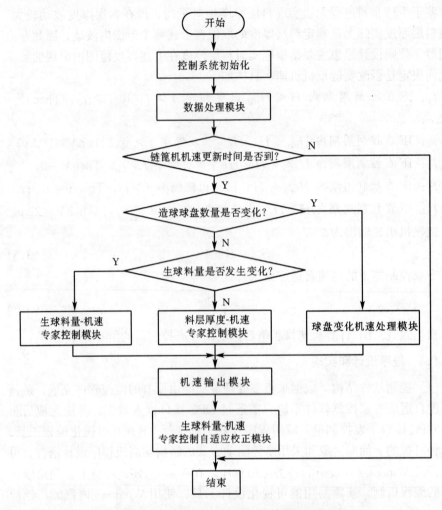

图 3.11 链箅机料层厚度自动控制程序流程

和生球料量-机速专家控制自适应校正模块等子程序模块。其中，控制系统初始化模块主要完成的功能除了部分数据参数初始化的工作外，还需进行生球料量-机速专家规则数据库的生成，生球料量、料层厚度对应的专家规则库算法原理如前所述。另外，根据生产实践的实际情况专家控制规则库需要对产量不同时，即球盘的数量发生变化时建立不同的专家规则，因此建立了球盘变化处理模块以应对球盘变化而进行规则库的切换工作。

（3）运行结果与分析。基于自适应专家控制的链箅机料厚自动控制系统应用于弓长岭球团二厂，如图 3.12 所示的是该系统投入运行某一时间段后，链箅机料层厚度、机速自动调节的过程。从运行结果可以看出，生产实际情况除了链箅机生球料量的波动很大外，生球的返矿量波动也很大，对链箅机机速调整和料层厚度控制增加了难度。从数据曲线上分析，在数据时间点 50~80 之间，生球料量在一定范围内有较小变化，而链箅机机速却作了较大的调整和变化，说明在此期间返矿量波动较大。无论怎样，对于实际的控制效果而言，基于自适应专家控制的链箅机料厚自动控制系统很好地适应了工况变化，能够自动调节链箅机机速，实现料层厚度的控制目标，减轻了操作人员的工作强度，提高了链箅机料层厚度的控制精度，为链箅机-回转窑温度场优化控制打下了基础。

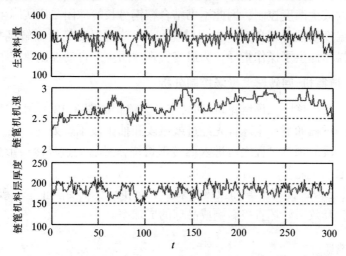

图 3.12　链箅机厚度自动调整的生产数据曲线

3.3.1.5　小　结

现有的链箅机-回转窑控制系统大多采用人工手动控制方式，球团的生产质量很大程度上取决于现场操作人员的经验、疲劳度和责任心。而基于自适应专家控制的链箅机料厚自动控制系统是在总结现场操作者的操作经验，并将之转化为专家控制规则基础上，针对生球料量返矿量检测存在大滞后，生球料量波动又很大的情况，提出专家控制规则自整定的方法以实现自动控制。系统的实际运行效果证明该控制方法的有效性，实现了链箅机-回转窑料层厚度自动控制，最终为链箅机、回转窑和环冷机实现三机联调和链箅机-回转窑温度场的自动控制打下坚实的基础。

3.3.2　链箅机-回转窑温度场模糊解耦控制设计

链箅机-回转窑球团工艺主要由生球的干燥预热、预热球的焙烧固结、焙烧球的冷却 3 部分组成。生球脱水干燥和预热氧化是将生球布在慢速运行的链箅机机床上，利用环冷机的余热及回转窑排除的热气流对生球进行鼓风干燥及抽风干燥、预热氧化，之后将生球送入回转窑进行焙烧。整个生产过程主要是在链箅机、回转窑和环冷机3部分生产设备中完成。

　　根据分析，球团生产过程控制的难点是链箅机-回转窑温度场内的温度解耦控制和链箅机料层厚度控制。对料层厚度控制采用专家自适应的控制方法实现料层厚度的自动控制，给后续工艺段的温度控制创造了良好的条件。针对某一工艺段温度滞后控制现象选用模糊控制策略，并取得了一定的控制效果。然而温度场存在各段温度控制中的耦合现象，单一工艺段的温度控制不能实现整个温度场的较优温度控制，因此本书结合鞍钢弓长岭球团二厂实际生产背景和重点分析温度场耦合现象后，提出链箅机-回转窑温度场模糊解耦控制方法，并为现场操作提供了操作指导，为最终实现球团生产自动控制奠定了基础。

3.3.2.1　链箅机-回转窑温度场控制分析

　　鞍钢弓长岭球团二厂链箅机-回转窑工艺流程如图3.13所示，球团在温度场中的焙烧过程如下：生球首先经过鼓风段和抽干段干燥处理，在经过预热1段和预热2段的预热过程之后进入回转窑焙烧，最后通过环冷段形成成品球。为了有效地利用能源环冷各段回收的热风，分别引入到鼓干段、抽干段、预热1段和预热2段，提高干燥和预热效果。干燥和预热主要防止生球破裂和控制氧化速度，其效果好坏直接影响成品球的成球率。

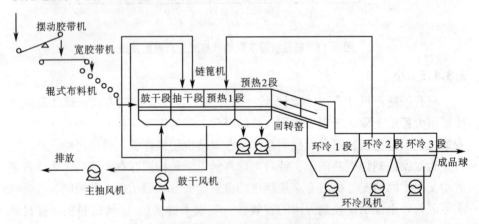

图3.13　链箅机-回转窑工艺流程

　　各个工艺段温度都有具体设定值要求，球团的焙烧过程温度场形成主要由以下几个控制设备完成：鼓风机、主抽风机(液力耦合器和阀门开度)、回热风机(液力耦合器和阀门开度)、吹煤量控制设备及环冷1、2、3段风机。链箅机、回转窑和环冷机温度场控制系统如图3.14所示。

　　由于无法测量球团的直接温度，因此选择链箅机内的烟罩温度来衡量球团温度，也就是通过控制烟罩温度控制温度场的温度。下面分别说明温度场各段温度控制过程。

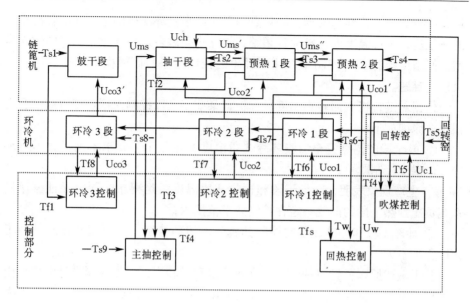

图 3.14　链篦机、回转窑和环冷机温度场控制系统

Tsi—鼓干段、抽干段、预热Ⅰ段、预热Ⅱ段、回转窑、环冷各段和除尘烟罩温度的设定期望温度值；Tfi—鼓干段、抽干段、预热Ⅰ段、预热Ⅱ段、回转窑窑头、环冷段的烟罩温度反馈值；Tw—预热Ⅱ段的风箱温度检测值；Ums，Ums′，Ums″—主抽风机控制量；Uc1—吹煤控制量；Uw—回热风机控制量；Ucoi—环冷风机控制量

（1）鼓干段：一般情况鼓风机全力输出，确保生球的干燥效果，而鼓干段的热源来自于环冷 3 段，即在保证环冷 3 段的期望温度范围内尽可能提供给鼓干段更多的热能。

（2）抽干段：抽干段的热源一部分来自于回转窑释放的能量经过预热Ⅰ段和预热Ⅱ段传递过来的热能，一部分来自于回热风机从预热Ⅱ段回收的热能。

（3）预热Ⅰ段：热能来源是通过主抽风机经预热Ⅱ段传递过来的热风。

（4）预热Ⅱ段：热能来源是主抽风机从回转窑窑头抽取的热能和环冷 2 段回送的部分能源，另外，为确保加热介质的流速，回热风机将部分预热Ⅱ段的热能抽取送至抽干段。

（5）回转窑：热能主要是由燃烧燃煤释放的能量、球团焙烧化学反应释放的热量以及从环冷 1 段回收的热量。

（6）环冷段：通过各段环冷风机控制各段的均匀冷却效果。

3.3.2.2　温度场模糊解耦控制设计

模糊控制是一种通过计算机控制技术，采用模糊数学、模糊语言规则和模糊规则的推理方法，适用于被控过程没有数学模型或者很难建立数学模型的工业过程，是解决不确定系统的一种有效方法。链篦机—回转窑温度场具有多变量、纯滞后、非线性和强耦合的特点，其热源来自环冷机的余热和回转窑排出的热气流，气流温度变化较大且频繁，相互之间耦合，很难建立精确的数学模型，使用传统的 PID 控制难以达到理想的控制效果，而模糊控制技术可以解决这些难题。

依据对链箅机—回转窑温度场分析，某些工艺段控制无耦合现象或耦合度很小，原因如下：

① 鼓干段的温度完全依赖环冷 3 段温度变化且工艺要求不高，只需对环冷 3 段温度控制既可；

② 生产现象表明，若抽干段和预热Ⅱ段温度满足要求，同时保证链箅机系统负压预热Ⅰ段的温度一定在控制要求范围内；

③ 环冷 1 段和环冷 2 段的控制都属于单闭环控制，其温度变化对其他工艺段影响不大。

基于上述原因，针对抽干段、预热Ⅱ段和回转窑的温度控制设计温度场模糊解耦控制器，其控制原理如图 3.15 所示。抽干段、预热Ⅱ段和回转窑模糊控制器的模糊输入向量选择对应检测温度误差值，其语言为 $\Delta T = \{NM(负中)$, $NS(负小)$, $ZO(零)$, $PS(正小)$, $PM(正中)\}$。各个输入变量论域经输入量化因子变换至 $[-6, +6]$。抽干段、预热Ⅱ段和回转窑的模糊规则设计见表 3.16 和表 3.17。模糊规则含义举例如下：

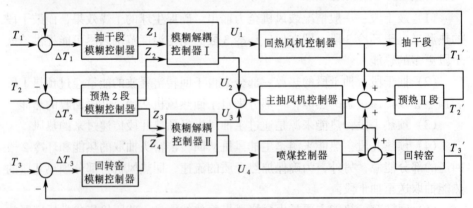

图 3.15 链箅机-回转窑温度场模糊解耦控制原理

IF ΔT_1(抽干段烟罩温度) is NM(负中)Then Z_1(回热控制输出)is PM(增加较大)；

IF ΔT_1(抽干段烟罩温度) is NS(负小)Then Z_1(回热控制输出)is PM(增加较小)；

IF ΔT_2(预热Ⅱ段烟罩温度) is NM(负中)Then Z_2(回热控制输出)is NM(减少较大) and Z_3(主抽控制输出) is PM(增加较大)。

表 3.16　　　　　　　　抽干段和回转窑模糊控制规则表

	$\Delta T_1/\Delta T_3$				
	NM	NS	ZO	PS	PM
Z_1/Z_4	PM	PS	ZO	NS	NM

表 3.17　　　　　　　　预热Ⅱ段模糊控制规则表

	ΔT_2				
	NM	NS	ZO	PS	PM
Z_2/Z_3	$Z_2=NM/Z_3=PM$	$Z_2=NS/Z_3=PS$	$Z_2=ZO/Z_3=ZO$	$Z_2=PS/Z_3=NS$	$Z_2=PM/Z_3=NM$

　　由于回热风机的输出控制会影响到抽干段温度和预热Ⅱ段温度，而主抽风机的输出控制同时会影响预热Ⅱ段和回转窑温度，因此必须设计解耦控制器决定回热风机、主抽风机和喷煤控制的最终输出控制量，解耦模糊控制器规则设计如表 3.18 和表 3.19 所示。

表 3.18　　　　　　　　模糊解耦控制器Ⅰ规则表

Z_2	Z_1				
	NM	NS	ZO	PS	PM
NM	$U_1=PS/U_2=PM$	$U_1=PS/U_2=PM$	$U_1=ZO/U_2=PS$	$U_1=NM/U_2=PS$	$U_1=NM/U_2=PS$
NS	$U_1=PS/U_2=PM$	$U_1=PS/U_2=PM$	$U_1=ZO/U_2=PS$	$U_1=NS/U_2=PS$	$U_1=NM/U_2=ZO$
ZO	$U_1=PM/U_2=PS$	$U_1=PS/U_2=ZO$	$U_1=ZO/U_2=ZO$	$U_1=NS/U_2=ZO$	$U_1=NM/U_2=NS$
PS	$U_1=PM/U_2=NS$	$U_1=PM/U_2=ZO$	$U_1=ZO/U_2=NS$	$U_1=NS/U_2=NS$	$U_1=NM/U_2=NM$
PM	$U_1=PM/U_2=NM$	$U_1=PM/U_2=NS$	$U_1=ZO/U_2=NS$	$U_1=NS/U_2=NM$	$U_1=NM/U_2=NM$

表 3.19　　　　　　　　模糊解耦控制器Ⅱ规则表

Z_4	Z_3				
	NM	NS	ZO	PS	PM
NM	$U_3=NM/U_4=ZO$	$U_3=NS/U_4=PS$	$U_3=ZO/U_4=PM$	$U_3=PS/U_4=PM$	$U_3=PM/U_4=PM$
NS	$U_3=NM/U_4=ZO$	$U_3=NS/U_4=ZO$	$U_3=ZO/U_4=PS$	$U_3=PS/U_4=PS$	$U_3=PM/U_4=PM$
ZO	$U_3=NM/U_4=NS$	$U_3=NS/U_4=ZO$	$U_3=ZO/U_4=ZO$	$U_3=PS/U_4=ZO$	$U_3=PM/U_4=PS$
PS	$U_3=NM/U_4=NM$	$U_3=NS/U_4=NS$	$U_3=ZO/U_4=NS$	$U_3=PS/U_4=ZO$	$U_3=PM/U_4=ZO$
PM	$U_3=NM/U_4=NM$	$U_3=NS/U_4=NM$	$U_3=ZO/U_4=NM$	$U_3=PS/U_4=NS$	$U_3=PM/U_4=NS$

　　解模糊采用重心法，所得精确控制量为

$$u_0 = \frac{\sum \mu(u_i) \cdot u_i}{\sum \mu(u_i)} \tag{3.7}$$

式中，u_i 为控制量论域中的第 i 个元素（$i = 1, 2, \cdots, n$），n 为控制量论域等级范围；$\mu(u_i)$ 为与 u_i 对应的隶属度；u_0 为解模糊后算出的精确控制量。

3.3.2.3　程序实现与应用

（1）控制系统硬件、软件平台。硬件配置服务器一台，客户端一台。为不影响原有 PLC 控制，本书选择第三方开发平台 Microsoft Visual Basic 6.0 作为开发软件，数据库软件选择 Microsoft SQL Server。

（2）控制软件功能说明。数据输入输出模块，输入部分包含各个工艺段烟罩、风箱温度值和压力值，各风机入口温度，定子温度，风机轴前、轴后振动值。输出部分包含主抽风机阀门开度，主抽风机液力耦合器阀门开度，1 号、2 号回热风机阀门开度，风机液力耦合器阀门开度，喷煤量。

模糊控制模块，根据上述模糊解耦控制方法，通过 MATLAB 7.0 仿真软件将模糊规则表转化成对应的数据表格。依据模糊控制算法，编写模糊化、模糊规则表和解模糊算法程序。

报警提示模块，将现场实时数据传递给程序进行判断，得到生产状态信息，该模块根据设定的上下参数值，对需要检测的各个变量进行监控、报警，防止事故发生。

趋势显示模块，显示主抽风机阀门开度，主抽风机液力耦合器阀门开度，1 号、2 号回热风机阀门开度，风机液力耦合器阀门开度，喷煤量的趋势。

数据通讯模块，该模块用来连接 WINCC 和 OPC 服务器，采集现场数据，同时将系统输出通过 OPC 通讯方式传递给 WINCC 和现场控制 PLC。

（3）程序流程设计说明。温度场控制流程如图 3.16 所示，其中模糊控制子程序根据上述解耦控制算法编写。由于弓矿球团二厂的主抽风机、回热风机现场输出控制方式有两种，一是调节液力耦合器，二是调节阀门开度，因此基于节约能源的原则，编写相应控制器输出子程序实现优先调节阀门开度。

（4）实际应用。目前，为测试本系统稳定性，将该系统作为操作指导应用到鞍钢弓长岭球团二厂生产系统，解耦模糊器输出与现场工人的操作相吻合，如图3.17～图 3.20 所示为导出的现场生产数据，从趋势图中分析可知，本设计的控制输出、控制变化频率要略高于高于人工控制，反映了实际控制需求，保证了温度场的平稳性。例如：在 1200～1300 采样时间，预热二段温度正常，但抽干段温度偏低，增加了阀门开度，在 1600～2000 采样时间范围内，预热二段温度正常，但抽干段温度偏高，需要减小阀门开度。在期望温度的范围内，本设计控制输出和人工操作控制的趋势基本一致。现场测试验证了本设计的正确性和有效性，达到了项目设计的要求。

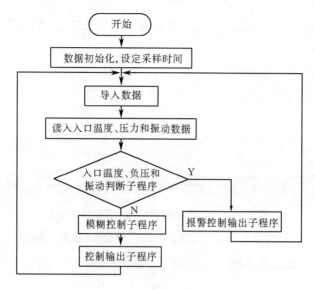

图 3.16　温度场解耦控制主流程

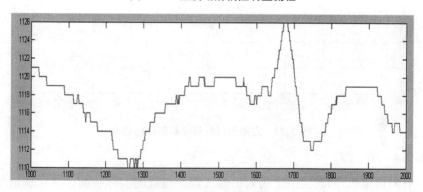

图 3.17　预热二段烟罩温度

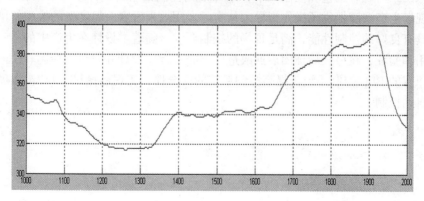

图 3.18　抽干段烟罩温度

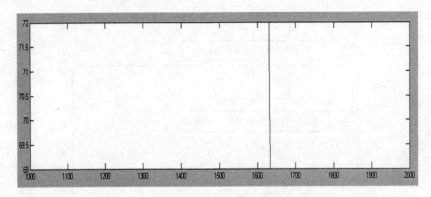

图 3.19　主抽风机阀门的人工实际操作输出

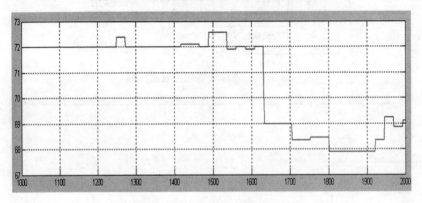

图 3.20　主抽风机解耦控制的阀门输出

3.3.2.4　小　结

　　针对链篦机-回转窑温度场人工温度调节过程的实际状况，结合鞍钢弓长岭球团二厂现有工艺和控制调节，采样模糊控制策略，设计模糊解耦控制器，为现场生产调度提供了操作指导。从实际应用效果观察，温度场的模糊解耦控制具有良好的控制性能，满足现场的控制要求。随着本设计在生产中的进一步使用和验证，在弓长岭球团后期改造中将完善程序设计并将解耦控制算法嵌入到原有的 PLC 控制系统，提高控制系统的安全性，实现链篦机-回转窑温度场的自动控制。

3.4　球团生产的管理自动化

3.4.1　生产作业计划管理

（1）生产作业计划制订

生产计划编制：结合设备能力、原料资源、能源资源、人力资源、工艺要求等信息，编制主生产作业计划。

生产计划分解：将主生产作业计划分解成详细的分作业计划，包括球团矿产量计划，设备运行计划(造球机、链箅机等)，物料需求计划(铁精矿、皂土、煤粉等)，质量计划(质检标准)，成本计划，能源消耗计划(耗电量、耗水量)。将生产任务在时间上和生产线上进行分解，形成对应的月计划、日计划、班计划。

（2）生产计划动态修改。根据生产的实际情况，及时对生产计划进行动态调整，以满足生产需要。

（3）配方管理。配方提供了生产所需要的资源条件，包括时间段，使用的原料种类、原料数量、设备台时，以及所需的工艺段的过程参数设置等。

生产配方管理主要功能如图 3.21 所示，其中包括以下内容。

① 生成新的配方表和相关信息。

（a）BOM(材料表)。BOM 表列出了生产 1t 球团矿所需要的材料清单，并写明了每种材料所需要的数量，所对应的工序等信息。

BOM 表包含内容有：工序、工序名、原料编码、原料名称、工序百分比、最小、最大、规则和重量。

（b）BOR(资源表)。BOR 表是生产 1t 球团矿所需要的所有资源的清单。主要包括所需要的各个工序对应的设备和能源消耗信息。

BOR 表包含内容有：工序、工序名、资源编号、资源、描述、数量和单位。

（c）过程变量的设定。对各个工序过程参数进行设置。

工序参数包含内容有：工序、参数名称、最小、最大和目标值。

（d）质量参数设定。接收来自质量管理模块的质量参数信息，对质量抽样特性参数进行设定。包括抽样频率、抽样个数、分析类型及限制的设定。

② 手动发布配方表。

③ 修改当前配方。

（3）详细排产。基于有限资源、能力的作业排序和调度，并跟踪工作状态和生产计划完成情况，实现生产全过程动态平衡，在及时准确的现场数据基础

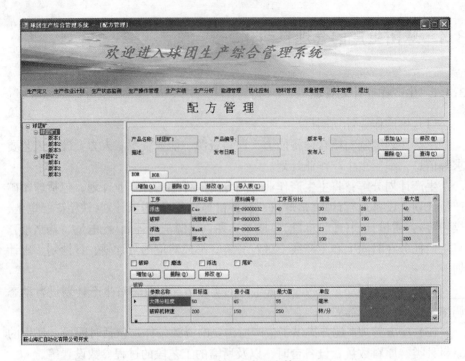

图 3.21　球团生产配方管理

上,为调度员提供辅助决策支持。

根据配方管理里产生的 BOM(材料表)和 BOR(资源表),结合球团矿产量计划,产生详细的物料、设备、人员排产。

3.4.2　生产状态监测

(1) 生产状态监测。对球团厂各工序的生产状态进行监测,包括检修、上料、生产、停机、生产故障等各个情况的信息显示。

球团厂主要工序有:精矿干燥、精矿配料、精矿混合、精矿造球、球团布料、球团干燥、球团焙烧、球团冷却等。

(2) 生产关键参数监测。对生产关键参数进行监测,包括产量、成本、质量、物料各方面的信息。以便更好地掌握生产综合信息。

球团厂关键参数如下。

球团矿输出指标:产量、成品球粒度、品位、SiO_2、转鼓、筛分、抗压、风箱、烟罩、喷煤量。

生球指标:生球粒度、生球水分、落下强度、抗压、品位、混合水分。

能耗信息:耗新水量、耗环水量、耗电量。

统计的数据:当前累计总球团矿产量、当前总能耗量。

3.4.3　生产操作管理

（1）生产操作指导。通过人工或系统默认的方式设置操作参数（如生产过程中主要温度、压力、阀门开度等）的上下限，利用系统对数据库历史数据的分析和处理，针对目前生产状态可提供专业的操作指导信息，产品质量能够得到一定的提升。

操作人员可以通过窗口监视整个生产过程，启停设备、监视参数、调节阀门、观察趋势和查询历史记录。

（2）报警管理。根据设定的报警限值，系统提供画面、声音等报警方式，使操作人员及时掌握生产工艺参数的变化情况，根据报警信息及时调整工作。同时还提供报警信息汇总、报警限制设定等功能。

3.4.4　生产分析

（1）KPI（关键性能指标）分析。对球团厂关键性能指标进行分析，给出趋势曲线，并进行报警处理。

① 成品球技术指标：成品球粒度、品位、SiO_2、转鼓、筛分、抗压、风箱、烟罩、喷煤量。

② 生球指标：生球粒度、生球水分、落下强度、抗压、品位、混合水分。

③ 日球团矿产量。

④ 耗水量、耗电量。

（2）OEE（全局设备效率）分析。OEE 是一个独立的测量工具，它用来表现实际的生产能力相对于理论产能的比率。OEE 由可用率、表现性以及质量指数 3 个关键要素组成，即

$$OEE = 可用率 \times 性能 \times 质量指数$$

其中

$$可用率 = 操作时间 / 计划工作时间$$

它是用来考虑停工所带来的损失，包括引起计划生产发生停工的任何事件，例如设备故障，原料短缺以及生产方法的改变等。

$$性能 = 实际产量 / 计划产量$$

性能考虑生产速度上的损失。包括任何导致生产不能以最大速度运行的因素，例如设备的磨损、材料的不合格以及操作人员的失误等。

$$质量指数 = 良品 / 总产量$$

质量指数考虑质量的损失，它用来反映没有满足质量要求的产品（包括返工的产品）。

主要统计关键设备的 OEE 指标。

全局设备效率 OEE 窗口如图 3.22 所示。

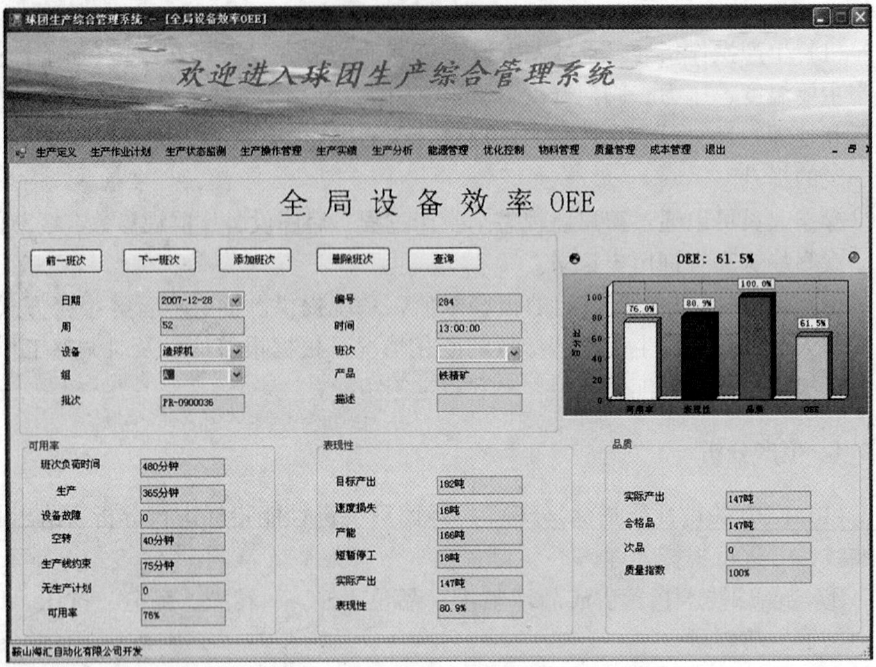

图 3.22　全局设备效率 OEE

3.4.5　能源管理

主要是对各类能源介质的需求和消耗进行统计、管理和分析，具体功能如下。

(1) 能源计划。结合生产计划下发的 BOR 表、实际能源介质参数，来产生能源计划，球团厂主要是生产球团矿需要的水和电消耗计划。

(2) 能源实测。从测量系统、过程计算机获取能源消耗数据，以能源网络图的形式，展示能源在各个工序的分布情况，并给出各种能源消耗统计结果。

(3) 能源分析。对实际能源消耗与计划能源消耗进行分析比较，找出原因。

3.4.6　物料管理

(1) 物料跟踪。根据定义好的生产过程模型对生产过程需要的输入原料及输出半成品、成品的状态进行全程跟踪，全程监视生产线状态。

① 原料管理。对原料的库存、消耗进行跟踪，以达到物料动态平衡。主要包括铁精矿、皂土、煤粉等管理。

② 球团矿管理。对球团矿产量和质量进行跟踪。

③ 中间品管理。主要对各个工序对应的物料进行跟踪，实时提供相应物料所处位置及状态，达到物料动态平衡。

（2）物料分析。对物料实时数据进行分析，和物料需求计划进行对比，对堆料、欠料等现象及时反馈。

（3）物料查询。通过指定物料条件来查找对应各生产工序的生产时间段及所对应的质量信息（各工序的质量信息、趋势图及原辅料批次信息等）。

主要对铁精矿量、铁精矿质量、球团矿库存、球团矿质量等信息进行查询。

3.4.7　质量管理

（1）质检计划。结合生产计划下发的质量计划，制订全程的质量监督方案。包括质检的参数、取样点、取样间隔、质检标准等工艺规范。

（2）质检标准维护。存储和维护原料、生产过程及最终产品的生产工艺标准数据。

（3）质量实绩。质量检验记录：质量检验原始数据以班报的形式存储，统计到质检单、质检台账。

① 成品球技术指标：成品球粒度、品位、SiO_2、转鼓、筛分、抗压、风箱、烟罩和喷煤量；

② 生球指标：生球粒度、生球水分、落下强度、抗压、品位和混合水分。

（4）质量分析与优化。针对关键质量特性影响因素实施统一的质量过程控制 SPC。对生产过程中影响质量的关键变量进行统计控制，最终确定出对质量影响最大的变量，进行调整改进，在动态中不断提高产品质量。

① 生球指标分析：生球粒度、生球水分、落下强度、抗压、品位和混合水分；

② 成品球指标分析：成品球粒度、品位、SiO_2、转鼓、筛分、抗压、风箱、烟罩和喷煤量。

趋势曲线：根据各个质量指标采样数据，得出趋势曲线。

质量分析：找出对质量影响最大的指标，进行调整改进。

3.4.8　成本管理

系统主要功能是对生产球团矿过程中的物料、能源实际消耗进行监控，为消耗分析提供数据平台，实现消耗的自动核算。

（1）成本计划。参考 BOM 表和 BOR 表，产生原料、能源、定额材料消耗计划和制造费用计划。

（2）成本实绩。根据实时采集的数据或统计数据，对球团厂原料、能源消耗成本进行计算，得出日生产成本数据。

（3）成本分析。对成本监控结果进行分析，既可以采用人机交互的方法，也可以采用成本分析模型的方法，分析出消耗差异原因和管理责任原因。

3.4.9　基础数据管理

（1）生产报表。对采集的现场生产数据进行统计，生成生产报表。报表分为班报、日报和月报，可定时打印，也可手动任意时间打印。

（2）信息查询。对指定球团厂的统计指标数据进行查询，可按时间段和指标类型查询。

统计指标包括：球团矿质量、球团矿产量、原料库存、耗电量和耗水量。

第3章参考文献

[1]　　张一敏. 球团理论与工艺[M]. 北京：冶金工业出版社，1997：10-1.

[2]　　黄希祜. 钢铁冶金原理[M]. 3版. 北京：冶金工业出版社，2002：1.

[3]　　王悦祥. 烧结矿与球团矿生产[M]. 北京：冶金工业出版社，2006：7.

[4]　　胡岳华，冯其明. 矿物资源加工技术与设备[M]. 北京：科学出版社，2006：9.

[5]　　林万明，宋秀安. 高炉炼铁生产工艺[M]. 北京：化学工业出版社，2010：5.

[6]　　任贵义. 炼铁学[M]. 北京：冶金工业出版社，1995.

[7]　　戴云阁，等. 普通钢铁冶金学[M]. 沈阳：东北大学出版社，1995.

[8]　　马竹梧，邱建平，李江. 钢铁工业自动化：炼铁卷[M]. 北京：冶金工业出版社，2000.

[9]　　王立新. 模糊系统与模糊控制教程[M]. 北京：清华大学出版社，2003：6.

[10]　　席爱民. 模糊控制技术[M]. 西安：西安电子科技大学出版社，2008：5.

[11]　　张先檀. 现代钢铁工业技术仪表控制[M]. 北京：冶金工业出版社，1990.

[12]　　王艺慈. 烧结球团500问[M]. 北京：化学工业出版社，2010：1.

[13]　　张屹，柳萍. 生产计划与管理运筹[M]. 广州：广东经济出版社，2003：6.

[14]　　甘华鸣. 管理制度·管理表格：生产，作业，设备，物料[M]. 北京：

企业管理出版社，2004.

[15] 王建民，等. 球团竖炉焙烧温度模型的研究[J]. 烧结球团，2004，29 (3)：9-11.

[16] 李兴旺. 马钢球团厂的自动控制系统[J]. 烧结球团. 2001，26(3)：34-37.

[17] 徐晓瑾，等. 球团生产监控管理系统软件设计[J]. 控制工程，2004，11(2)：133-134.

[18] 沈安文，等. 大冶铁矿球团厂造球生产过程自动控制系统[J]. 冶金自动化，2004，27(5).

[19] 苟卫东. 鞍钢球团自动控制系统的改造[J]. 烧结球团，2001，26(6)：25-27.

[20] 马竹梧. 冶金原燃料生产自动化技术[J]. 北京：冶金工业出版社，2005.

[21] 徐少川. 链箅机-回转窑温度场模糊解耦控制设计[J]. 烧结球团，2010，35(4)：25-29.

[22] 徐少川，井元伟，苟维东. 基于自适应专家控制的链箅机料厚自动控制系统设计[J]. 烧结球团，2009，34(5)：38-42.

第4章 高炉自动控制系统

4.1 高炉炼铁生产工艺

高炉炼铁生产主要由上料系统、装料系统、渣铁处理系统、送风系统、煤气除尘设施、喷吹系统及高炉本体组成。

焦炭、铁矿石(烧结矿、球团矿和块矿等)和熔剂(石灰石、白云石、硅石和锰矿等)等固体炉料从高炉上部装入,到达风口的焦炭被从风口鼓入的热风中的氧燃烧而产生平均温度为1700℃左右的高温煤气,同时燃烧的还有随鼓风一道喷入的煤粉、重油、煤水混合物等辅助燃料。高温煤气自下而上地流动,温度不断下降、含氧量不断增加,最终从高炉炉顶引出。而铁矿石在从上向下的运动过程中不断被煤气加热和还原,温度不断升高,含氧量不断下降。根据炉料的温度、化学成分和物理形态,高炉可以划分为块状带、软熔带、滴下带、风口燃烧带和炉缸等五大部分。由于软熔带带内的矿石层处于软化和熔融状态,对煤气有很大的阻力,所以煤气在软熔带内基本上只能从焦炭层,即所谓的焦炭气窗中流过。滴下带内的焦炭柱又可以划分为活动焦炭区和死料柱两部分。焦炭主要是在活动焦炭区内向下运动而最终到达风口燃烧带,死料柱中的焦炭主要消耗于FeO和Mn、Si、P等元素的还原,生铁的脱硫和渗碳等。在块状带和软熔带内,铁矿石中的铁氧化物差不多已经全部被还原,脉石和熔剂发生反应生成低熔点的熔渣。在滴下带内,液态渣铁要发生分离。熔渣中的氧化亚铁在穿过焦炭柱时被还原成金属铁,而熔铁在滴下的过程中继续被渗碳并吸收硫、锰、硅、磷等合金元素,最终在炉缸内汇集贮存起来。铁水和炉渣定期或连续地从铁口和渣口中排放出来。

全面而正确地理解高炉内部发生的各种现象很困难,特别是高炉下部的各种物理化学现象,至今还没有得到完全和充分的认识。

高炉冶炼是在密闭状态下进行的,过程参数大多无法直接观测,是典型的"黑箱"作业。操作者只能完全凭经验的积累,根据间接测定的冶炼过程输入和输出量来了解高炉冶炼过程并对过程进行监控。对于这样一个"黑箱",高炉冶炼专家的实际操作经验和凭借现代炼铁理论所总结的操作知识是十分重要的。

4.2　高炉基础自动化

4.2.1　高炉矿槽电气和仪表控制系统

4.2.1.1　高炉矿槽电气控制系统

（1）上料设备顺序控制系统。

上料设备包括称量配料及向装料设备上料等。称量配料设备要求按高炉每批料的矿石、燃料、熔剂等的需要量进行称量和配料。称量设备有固定式的称量料斗、跑动式的称量皮带或称量车，现代高炉都使用固定式的称量料斗。原料从贮料槽中通过可控闸门放料到称量装置上，按要求计量称量并配料后送往炉顶上料设备，从称量装置取料后经上料设备送往高炉炉顶，并装入炉顶装料设备。上料设备分料车式、料罐式及胶带式三种。料罐式上料设备是将炉顶装料设备和上料设备统一为一体的上料设备，因其上料速度缓慢已被淘汰（国内仅个别旧高炉用此方式）。新建的现代大中型高炉都是胶带式上料，小型高炉及 20 世纪 60 年代以前建设的大中型高炉使用料车式上料。上料设备顺序控制系统是高炉自动化最重要一环，如 4000m³ 级高炉日产铁近万吨，装入原燃料近 2000t，每运送一批炉料有近百台设备动作，故要求顺控系统绝对可靠，准确无误运行。

称量补偿系统可消除累计误差，批料的补偿按上批料的误差进行校正。称量补偿的实质就是根据本次装料情况确定下次装料的控制值。补偿计算在卸料结束后立即进行。高炉上料系统中，进行称量补偿的设备包括所有的称量斗。称量补偿系统上位监控窗口中，烧结矿槽有一个矿质量设定值，焦炭槽有一个焦质量设定值，称量斗每个斗有一个质量设定值，每个进行称量补偿的槽设有一个复位键。

① 称量补偿复位：当本系统初次运行、改上位设定值或者设备原因引起误动作时需要进行称量补偿复位，用上位监控窗口中的相应复位键即可实现。复位的内容包括对累计误差、空值清零，把上位设定值送给控制值。

② 空值偏差及满空延时的修改：当本系统运行一段时间后，可根据实际情况对空值偏差及满空延时进行适当的修改，以适应实际设备的运行。

③ 称量补偿设定补偿上限，分批进行补偿。

④ 累积补偿操作。

⑤ 水分补偿：对水分补偿批料的水分误差进行校正。

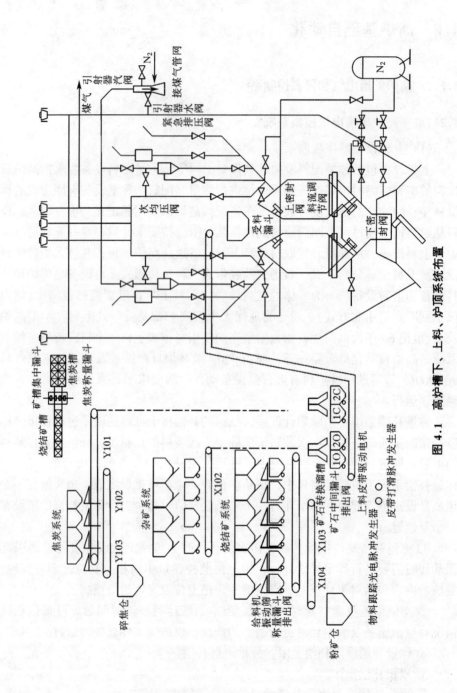

图 4.1 高炉槽下、上料、炉顶系统布置

干燥焦炭的质量＝含水焦炭的质量－含水焦炭的质量×
含水焦炭的水分重量系数

（2）胶带式上料设备顺序控制系统。

如图 4.1 所示为重钢 1200m³ 高炉的布置、配料、放料和运送过程，按设定图表称量焦炭、烧结矿和杂矿。焦炭称量过程如下：被选取焦炭槽的振动筛动作，焦炭卸入 Y101 号胶带机，运送到焦炭转换溜槽（该槽可左右移动），将焦炭卸入左或右（1c、2c）焦炭中间料槽，该中间料槽装有称重压头称量，当达到给定重量的 95％时，振筛减速，达 100％时振筛停止，记下实际质量，至此称量完毕，等候放料指令放料，振筛筛下的粉焦至粉焦带运输机 Y102、Y103，把碎焦送碎焦仓。同样，选取某烧结矿槽后，开动两台振动给料机，经烧结矿筛把烧结矿卸入称量料斗，当质量达设定值 95％时，先停一台给料机，达 100％时停另一台给料机和振筛，至此称重完毕。杂矿称重与烧结矿类似（但无振动筛）。通常除空置或检修某个料槽外，各矿槽的称量料斗都是装满称重完毕的炉料待机卸料的。放料时打开该料斗的排出闸门，矿石落入胶带运输机，当该料斗质量降到设定质量值的 5％时就认为放料完毕，关闭排料闸门，并记下放出量及与规定值之差，把此差值（未放出残余量）加在下次称量值上以补正批重误差。胶带运输机把矿石送矿石转换溜槽而卸入矿石中间溜槽，当按设定把炉料送至中间溜槽后，将按规定顺序分别把矿石和焦炭中间料槽的排出阀门打开而把炉料放入主胶带运输机 Z101，运至炉顶。主胶带在不同位置设有料头料尾检测 OK 点（带接点信号器，有压头式和布帘式，后者是利用胶片做成可转动的帘，当炉料到来时，触及帘使之转动，而带动微动开关发出接点信号）。当该批炉料料头到达炉顶料头 OK 点后，若炉顶设备未准备好，则停止主胶带机。料尾检查 OK 点主要是检查即将入炉内的该批料是否结束，并作为记录料批之用。

重钢 1200m³ 高炉上料系统工艺要求为：装料制度，有 M，N，P，Q 4 种基本形式，即 CC↓OO↓，C↓C↓O↓O↓，C↓C↓OO↓，CC↓O↓O↓，小批周期程序，用来确定每批料中焦炭和矿石的上料顺序，并作为控制槽下放料方式。小批程序设 A、B 两种程序，各 10 个位置可供选择，每个位置可任选 C_1，C_2，Q_1，Q_2 越位及空行，装料周期程序，设 20 个位置，即最多 20 批，每个位置可任选 M，N，P，Q 4 种装料程序中任一种或越过，并允许在程序上加"空焦"，恢复时继续回到中断前的正常料批周期程序，放料程序，用来控制槽下设备的动作顺序，是根据高炉装料指令及预先选定的小批程序进行工作的，可分 A（块矿④→③，烧结矿 1→2→3→4→5→6，熔剂②→①）和 B（块矿①→②，烧结矿 1→2→3→4→5→6，熔剂③→④）两种排料方式，配料时只须填入各种炉料设定值。槽下配料、放料和上料自动控制就是执行上述工艺要求，且能方便选择和设定顺序以及称量值等。现代高炉上述系统均由 PLC 执行，通常由两台 PLC 来实现，一台执行本控制系统(简称槽下 PLC)，另一台执行无料钟炉顶控制。

(3) 槽下 PLC 的功能。

① 执行装料制度、小批周期程序、装料周期程序、放料程序和配料，它的软件是编制周期程序表，在 CRT 上显示，由操作人员用键盘填入符号"√"，PLC 执行。

② 运转控制。按上述功能设定，顺序控制槽下各设备(给料器、振动筛、排出闸门、转换溜槽、各胶带运输机等)的动作顺序，启停和开闭等，并执行各设备间联锁。

把原料从槽下运送到炉顶的胶带运输机，Z101 是由四个电动机驱动的(如图 4.2 所示)。正常工作时四台电动机同时运转，若其中一台出故障时，其他电动机仍可正常运转，电动机启动顺序如下。

四台电动机同时运转时：1 号→2 号→3 号→4 号，4 号电动机故障时，电动机启动顺序为 1 号→2 号→3 号；3 号电动机故障时，电动机启动顺序为 1 号→2 号→4 号；2 号电动机故障时，电动机启动顺序为 1 号→4 号→3 号；1 号电动机故障时，电动机启动顺序为 3 号→2 号→4 号。每台电动机启动间隔为 3s。1 号电动机启动 3s 后启动 2 号，当 2 号启动 2s 后，制动器(抱闸)全部松开，再过 1s 后启动 3 号，又过 3s 后启动 4 号。当 4 号出故障时，1 号启动 3s 后启动 2 号，2s 后，1 号、2 号、3 号制动器松开，再过 1s 后启动 3 号。依此类推。

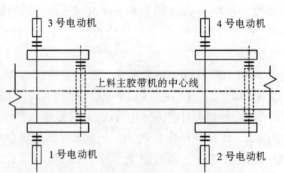

图 4.2　上料主胶带运输机电动机布置示意图

上料主胶带是按单独程序运行的。

③ 原料跟踪。为了监视槽下、上料系统各设备运行情况以及跟踪矿焦等原料走行及其位置，通常设有这些系统的模拟盘或由 CRT 屏幕显示，这些动态显示通常由各设备的启停和位置开关来传送。对于焦矿等位置动态跟踪则可

有两种方法来达到，一是硬件法，依靠各胶带运输机装设的脉冲发生器随运输机转动发出脉冲，和各闸门放料开始而判别原料达到什么位置；二是软件法，当放料后即计时，模拟胶带机运转速度而计算原料达到位置。

④ 料批质量和焦炭水分补正。由仪表系统和 PLC 共同执行作为互相备用。

⑤ 通讯。与炉顶 PLC 通讯，以及过程计算机、DCS 等通讯。

⑥ 显示打印。包括各种工艺设备等画面以及装料报表和故障报警打印。

为了使装料胶带和炉顶系统的动作顺序具有更好的一致性而发出动作及点检指令，故设有 A、B 两种计算器，前者控制设备为探尺、下密封阀等，后者为上密封阀，移动受料斗，一、二次均排压阀等。两计数器计数步进为 1s。运转控制由 A、B 计数器进行下述控制：料线测定，确定各料斗内、上料主胶带、炉顶料斗内有无炉料，各设备动作及均排压控制，点检，使装料系统有条不紊地通过放料料斗、装料主胶带、炉顶设备，将炉料装入炉内。

当探尺到达规定料线时，解除"等待装料"，并变为"装料 OK"，由 A 计数器控制矿石集中料斗排料闸门和炉顶设备等进行装料。整个系统各设备有：自动操作，按预先选择的装料程序使各设备自动运行；半自动操作，主要仍为自动，仅对必要设备改为手动操作、遥控手动，在操作台上执行，仅用于休风、处理事故和试运转时使用；机旁手动，仅用于生产前试运转，矿槽内清扫，处理紧急事故等。

(4) 料车式上料设备顺序控制系统。

图 4.3 所示为料车式上料设备，配料和胶带式上料设备类似，矿仓内的物料经振动筛或振动给料机后，按单规定送称量料斗称量后放料，由相应的皮带送到地坑带称量的料斗，焦炭没有中间称量料斗，直接送地坑焦炭称量料斗称量。地坑有左焦、左矿、右焦、右矿 4 个称量斗。两台料车交替地按生产要求将槽下各种物料，由料车可移动受料小车，经炉顶上密封阀、储料阀、料流调节阀、下密封阀，再经布料溜槽将物料均匀地布到炉内。对于小高炉，烧结矿、球团矿、焦炭均由振筛来给料，杂矿则由给料机来给料，和胶带式上料设备类似但由两个电动机驱动的，各称量斗及地坑的左焦、左矿、右焦、右矿 4 个称量斗的放料闸门的开闭是液压驱动的，由电液推杆来开闭。如图 4.3 所示为料车式上料设备，是典型的布置，某些高炉，特别是旧的高炉，往往由于地方所限，每个矿槽，不设各自的称量料斗，而是由地坑的左矿、右矿称量斗来完成。

综上所述，料车式上料设备中的配料和炉顶与胶带式上料设备中的配料和炉顶类似，故整个上料设备的顺序控制与胶带式上料设备的类似，相应设备的联锁也是相同的，主要不同在于料坑和料车部分(用斜桥料车代替上料胶带运

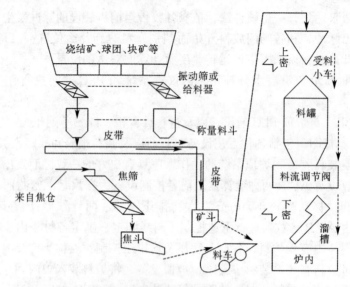

图 4.3 料车式上料设备示意图

输机，但"等待装料"等都是类似的)，和胶带运输机上料系统类似，程序关键是料批程序，它用来规定每批料中矿石和焦的装料顺序，并作为下称量斗供料的方式。以某钢铁公司 2 号 350m 高炉的程序控制系统为例，它设 A，B，C，D 4 种料批程序，每料批程序设6个车次位置，每批料最多只能由 6 车组成，每种料批程序 6 个位置中的任一位置均可选择各种供料方式、空行中任一项。料批周期程序用来确定按 A，B，C，D 4 种不同料批的组合而形成的一个大循环过程。料批周期程序设 10 个位置，每个位置可任选 4 种料批中的任意一种，并允许能在周期程序之外附加焦(与大中型高炉胶带机上料一样，在CRT 上显示表格，可选，然后由 PLC 执行)，恢复时，应继续到中断前的正常料批周期程序。配料程序用来确定每车料的组成，亦即控制槽下设备的动作，然后把待装炉料放入左焦、左矿、右焦、右矿中，最后再放进料车中运送到炉顶。

(5) 上料卷扬机的电气传动。

① 料车式上料中的卷扬机运动特性。料车式上料的高炉采用平衡式高炉卷扬机。当一个料车(例如右料车)在料车坑内时，另一个料车(左料车)就在炉顶上处于翻倒位置。料车系在主卷扬机的钢绳两端。每个料车的两根钢绳绕过3 个导轮。如卷筒顺时针方向("向前")旋转，则右方钢绳将绕上，而左方钢绳则松下。两料车开始运动，并当右料车达到炉顶上的终端位置时，左料车就降到料车坑并停下装载。装载好后，卷扬机向反方向("向后")启动，左料车升到炉顶，右料车降到车坑。为了把炉料从料车卸入受料小车中，在斜桥上部，两根向下弯的主轨外侧敷设两段辅轨，辅轨跟主轨平衡。卸料辅轨起始跟主轨同

一平面，然后向上升到主轨上面。当料车达到轨道的卸料段时，料车前轮沿主轨前进，料车后轮的外凸缘两边都有轮缘，因此它用外轮缘沿辅轨前进。这时料车车身后端抬起，把物料倒入受料小车中。空料车在车身质量作用下降到主轨道上，并且卷扬机是可逆的。正如一切卷扬机械一样，运动曲线应分加速、等速和制动 3 段来研究。这时，必须考虑到料车卷扬机的下述工作特点：空料车由翻倒位置回到轨道的直线段上，是依靠本身质量实现的，所以钢绳和卷扬机的速度应与料车下降的速度相符，否则，如卷扬机速度太大，则卷下的绳段可能松弛并随后发生非所希望的冲击，这种冲击能使料车翻倒或使钢绳断裂。故当荷载料车驶近卸料曲轨段时，速度应降到 1m/s，以免在车轮走上该曲轨段时发生冲击，因为在这段上料车的位置是不稳定的，可能脱轨和翻倒。此后速度降到 0.5m/s，这时电动机断电，并且机械制动器发生作用，使卷扬机在卸料料车的终端位置上准确停下。

② 变频调速的应用。料车式上料卷扬机过去都是使用直流电动机驱动的，电动机功率因高炉容量不同而不同(约为 100～600kW)，近来大都使用交流电动机驱动，使用数字式变频调速，一般使用两台，一用一备，由 PLC 控制(作为配料、上料顺序控制的一部分，即在料线下到规定值时向 PLC 发出上料和装入信号)，有 3 种设定速度以适应上述的料车式上料中的卷扬机运动特性，按不同位置输入 PLC，全自动时 PLC 将输出相应的控制信号送数字式变频调速以改变速度。

③ 料车设有运行，包括速度检测、设备异常检测、松绳检测等。有松绳现象出现时，松绳开关会立刻给 PLC 发出信号，PLC 收到松绳信号以后，立刻给供电装置发出停车命令，并同时给抱闸发出停车的命令。一旦出料车失控和发生飞车现象(所有使用卷扬上料的厂家，最担心的就是料车失控，发生飞车事故)，测速装置就会向供电装置发出真实的速度信号，装置通过对速度信号鉴别，发现与给定所需要的反馈信号不符，那么装置就会自动关闭，并同时向控制它的 PLC 发出故障信号，PLC 接到信号以后，马上发出停车抱闸的指令，并按程序设定进行断电等其他保护措施。

上料控制程序流程如图 4.4 所示。

4.2.1.2　高炉矿槽仪表控制系统

槽下系统包括装矿系统、装杂矿系统、装焦系统、矿回收系统、称量补偿系统和水分补偿系统。

矿槽自动控制功能主要包括矿槽设备联锁控制及矿石称量控制、配料周期控制、配料表数据设定、数据整理及传送、设备状态监视和设备故障处理。

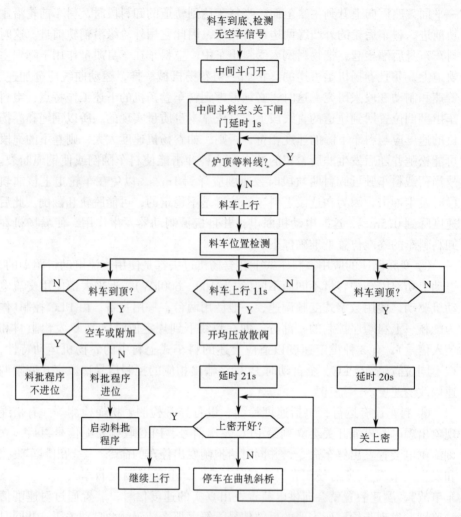

图 4.4 上料控制程序流程图

4.2.2 高炉炉顶电气和仪表控制系统

4.2.2.1 高炉炉顶电气控制系统

炉顶无料钟自动控制程序分为 4 个部分：料罐程序、布料溜槽程序、探尺程序和液压程序。料罐程序主要完成料罐设备的控制，接收系统传来的料种，并在放料时将其传送给溜槽系统。布料溜槽程序按料罐内的料种到数据设定表格中取出相应数据，按照这些数据对 α 角、β 角、节流阀进行控制，达到多环布料的目的。探尺程序完成料面探测，发出允许加料信号。

液压程序主要是对炉顶液压站进行控制。

（1）炉顶料罐。其中料流调节阀、上下密封阀开闭由液力传动，料流调节阀装有位置伺服系统，均、排压系统各阀采用气动驱动，布料溜槽的旋转和倾动采用电动，其中溜槽倾动采用伺服调速装置。

① 设备运转顺序。各主要设备顺料流方向按简单不变顺序，逐一动作。

② 设备联锁。设备联锁如表 4.1 所示。

整个炉顶由 PLC 执行控制，可实现以探尺到位为启动信号的炉顶-槽下全自动上料，也可以根据工长操作意图实现一批料自动或一罐料自动等分步上料。为适应高压炉顶的需要，料罐均排压系统设有高压操作或常压操作选择以及均压回收和排压放散等。操作方式分为"自动"、"手动"和"机旁"3 种。

表 4.1　　　　　　　　　　　　设 备 联 锁

名称	开启条件	关闭条件	名称	动作条件	
受料仓上密封阀	下密封阀关，罐内压力与大气压差小于 0.002MPa	受料仓装料完毕，工作正常，上料胶带 OK 点无料	受料溜槽	启动：料罐装料完毕，探尺探测料面后提起	停止：布料结束，受料溜槽已到位
料罐下密封阀	二次均压达规定值，料尺提到上限	料流调节阀已关	探尺	提升：料罐卸料准备完毕，探尺均到料线位置	下降：布料溜槽停，下密封阀关
均压放散阀	下密封阀、回收阀、二次均压阀关	罐内压力与大气压差小于 0.002MPa	紧急放散阀	料罐压力超上限时开启，回复正常时关闭	
一次均压阀	上密封阀、回收阀、放散阀、二次均压阀关	一次均压阀开启后延时到与大气均压			
二次均压阀	一次均压阀关，选择二次均压阀开	二次均压阀开启后延时到罐内压力大于炉压			

（2）探尺程序。探尺控制分点动检测和连续检测方式，并控制探尺的下降和提升，当测得料线低于某一设定值时，炉顶装料设备动作，向炉内装料，同时槽下和上料开始工作。即每装完一批料后，下料流阀和下密封阀关到位，自动放下探尺，随料面下降至设定值，自动提探尺，发高炉装料信号。探尺可单独工作，也可同时工作。它的选择由操作人员根据设备情况在炉顶窗口通过左尺工作、右尺工作键选择。

探尺有 3 种工作方式。

点测：到达设定料线即提尺；

连测：到达设定料线且炉顶具备放料条件提尺，放料结束后放尺；

强提：强制提尺到原位。

探尺程序按操作人员的不同选择，完成提放尺动作，发出允许加料信号，并在探尺发生故障时(上下超、过流)报警，切断相应的控制柜。

（3）液压系统。联锁要求如下。

① 上密封阀打开的条件是受料罐为常压，且下密封阀处于关闭状态；

② 上密封阀关闭的条件是已卸料完毕；

③ 下密封阀打开的条件是受料罐与炉顶之间的压差低于设定值(一般为0.01～0.015MPa)，且探尺已提升到上极限，同时上密封阀处于关闭状态，布料溜槽已调整到工作位置；

④ 下密封阀关闭的条件是受料罐已卸完料；

⑤ 探尺提升条件是下密封阀准备打开，到达规定料线；

⑥ 探尺下降条件是下密封阀已经关闭。

炉顶液压站两台泵，互为备用，为炉顶各阀提供动力。炉顶液压站控制程序就是要保证系统压力在一恒定范围内。程序主要包括：时间倒泵、压力监测和故障停泵报警。

稀油泵、干油泵都是润滑泵，其控制程序很简单，只是时间倒泵和油温液位的监测报警。

4.2.2.2　高炉炉顶仪表控制系统

（1）炉顶无料钟自动控制功能主要包括炉顶装料设备的联锁控制、料流调节阀(γ角)的开度控制、炉顶旋转布料器(α，β角)定位控制、环形布料控制、定点布料控制、炉顶探尺位置控制、炉顶液压阀门开闭跟踪锁定控制、炉顶装料方式设定及控制、炉顶探尺料线设定及控制、装料周期表数据设定、炉顶压力调节、压力状态监视、数据整理及传送、设备状态监视和设备故障处理。

无料钟炉顶监控。无料钟炉顶的示意图如图 4.5 所示，其炉顶压力控制系统与一般料钟炉顶相同，其均压系统也类似，不过用闸阀代替大小钟而已，并且无钟炉顶是左右料斗轮流工作，故其程控系统有所不同。无料钟炉顶是用可旋转且角度可调的溜槽布料，因而布料灵活和均匀，可实现环形布料、螺旋布料、扇形布料、定点布料等多种方式。为此，溜槽分别由两台电动机驱动，一台使溜槽旋转，另一台使溜槽成不同的倾角，并分别配置旋转自动控制系统(控制转速和位置)和倾角位置自动控制系统，且采用 PLC 或电子计算机进行设定和控制。

在布料方式已经确定的情况下，重要问题是对料流调节阀开度进行控制，以保证其放料不至过快或过慢，现在多用自学习系统来控制其开度。当设定某一开度，如布料程序结束，炉料不是正好排净时，则自学习修正下次布料时料流调节开度。炉料是否放空由声响检测仪或同位素料位仪来测定。第三代无料钟炉顶，由于其结构足以准确称量料斗中炉料质量，故可以按质量来确定排料状况并控制料流调节阀的开度。例如要单环布料，在溜槽转动时，计算机将检查炉料是

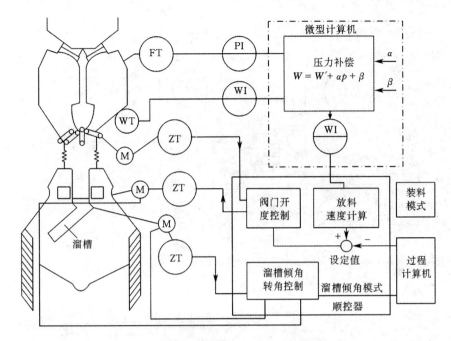

图 4.5　无料钟炉顶及闸门、溜槽等自动控制系统

否按规定减少并在单环完结时正好放完，如果不是，将修正料流闸门开度。

　　由于并罐无料钟炉顶，两罐不在炉子中心线而对布料有影响，故新一代无料钟炉顶是串罐型式，其自动控制系统如图 4.6 所示，它包括两部分：第一，监控部分。即三点料线检测及高炉崩料报警、密封阀加热检测及控制两点、下料罐与炉顶压差检测共两点、炉顶压力检测一点、罐旋转速度检测一点、下料罐内物料质量检测一点，这些信号均送 DCS。第二，对冷却水系统监测(图中未列出)，它主要监测齿轮箱冷却水槽的上下限水位及其与循环水泵自动联锁、冷却水箱水位及其与补水阀自动联锁、卤轮箱及冷却水温度越限报警等。

　　(2) 布料溜槽。根据工艺要求，布料分单环、多环和定点方式。

　　多环是程序自动控制实现的。每批料可以有不同的多环布料模型，模型规定了不同环位上的布料量，不同环位的定位由倾动变频控制，每个环位上的下料量由布料器旋转速度和料流调节阀开口度决定。

　　料罐内的料种不同，要求溜槽的控制参数不同。为此，溜槽控制程序在结构上大致分为 3 个部分。

　　① 按不同料种取布料参数。程序包括 K 参数表、J 参数表和公用参数表。在溜槽布料时，按具有放料权的料罐内的料种将 K 参数表或者 J 参数送入公用参数表。

　　按所取参数控制 α 角、β 角和 γ 角。从公用参数表中逐一取出各环参数，

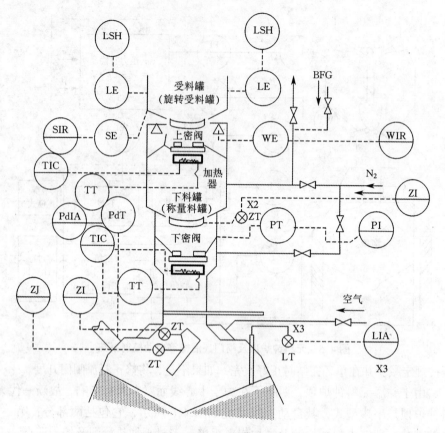

图 4.6　串罐式无料钟炉顶监测及自动控制系统

控制 α 角、β 角和 γ 角。

　　② 布料结束时，按料种将需要保存的参数送回。

　　③ 在放料结束时，计算布料误差和 γ 参数修正值，送回相应的参数表。

　　溜槽控制可采用两种方式即时间法、重量法。两者的根本区别在于 α 角的步进条件和 γ 角的控制不同。

　　时间法，α 角由一环到下一环的条件是 β 角所转圈数，与实际布料质量无关。重量法是按设定流量控制节流开度，α 角步进条件除了取决于 β 角所转圈数，还要判断实际布料质量，只有大于等于 2/3 环重时，才允许 α 角步进。节流阀时间法是按一固定开度开启，在放料结束时，判断实际放料时间与设定时间的差值，根据差值正负，修正下一罐节流的开度设定值。

　　溜槽程序的主要启动条件是：具有放料权的料罐下密开。

　　重量法与时间法的程序选择由操作人员通过按键完成。

　　α 角的修正程序：由于料线深度不同，落料点不同，工艺要求料线与设定料线每差 30cm，α 角自动缩减 1°。

（3）炉顶洒水自动控制。现代大型高炉在炉顶设有多个洒水喷嘴。当炉顶上升管或煤气封罩内温度异常（一般为超过 400℃）时，由顺控回路打开洒水阀 V1 和 V2，关闭 V3 向炉顶设备洒水降温，当炉顶温度正常时，关闭 V1 和 V2，打开 V3，如图 4.7 所示。

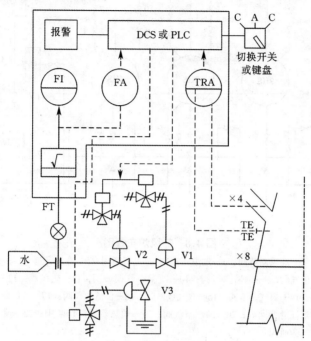

图 4.7　炉顶洒水控制原理图

4.2.3　高炉热风炉电气和仪表控制系统

4.2.3.1　高炉热风炉电气控制系统

热风炉是利用燃烧蓄热来预热高炉鼓风的热交换装置，有内燃式、外燃式和顶燃式三种。每座高炉设置 3~4 座热风炉交替进行燃烧和加热鼓风作业，其布置如图 4.8 所示。当一座热风炉经过一段时间送风，输出的热风不能维持所需温度就需换炉，使用另一座燃烧加热好的热风炉送风，而原送风的热风炉则转为重新燃烧加热，故每座热风炉在运转过程中都有 3 种状态，即燃烧加热期、闷炉（即有关燃烧及送风的各个阀门均关闭）期和送风期。热风炉操作方式有单炉送风和并联送风，后者又分为冷并联和热并联。

热风炉换炉要按规定顺序进行。例如，由“燃烧”转为“送风”的顺序为关煤气、空气切断阀和燃烧阀，开煤气放散阀，延时若干秒后关闭，并关烟道阀（“闷炉状态”）→开冷风旁通阀灌入冷风→延时若干秒后开热风阀→开冷风阀

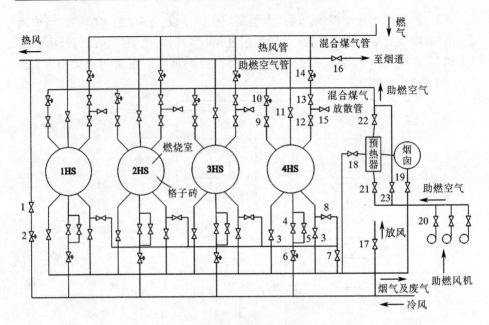

图 4.8　热风炉布置图

1—混风切断阀；2—混风调节阀；3—烟道阀；4—冷风切断阀；5—冷风旁通阀；6—冷风调节阀；7—排风阀；8—废气阀；9—助燃空气阀；10—助燃空气调节阀；11—热风阀；12—煤气燃烧阀；13—煤气切断阀；14—煤气调节阀；15—煤气放散阀；16—倒流休风阀；17—防风阀；18—烟气进预热器阀；19—烟气进烟囱阀；20—助燃空气阀；21—预热器进口切断阀；22—预热器出口切断阀；23—助燃空气旁通阀

→关冷风旁通阀。而"送风"转"燃烧"的顺序则为：关冷风阀→关热风阀→开废气阀→延时若干秒均压后开烟道阀→关废气阀→开煤气切断阀、燃烧阀（煤气调节阀微开，点火后全开→开空气燃烧阀）。各阀顺序动作，并有联锁，特别要防止各燃烧阀未全关时开启与送风有关各阀或其相反动作。

　　现代大型高炉热风炉的换炉都是自动进行的，20 世纪 50 年代由继电器组成硬线逻辑系统定时自动驱动各阀门的电动机来执行。70 年代中期以后则用可编程逻辑控制器(PLC)来执行。使用 PLC 时，为防止输出板被击穿，而直接使某一阀门误动作而发生事故，故除 PLC 内软件联锁外，关键地方还加继电器联锁，例如燃烧各阀不关闭时，送风各阀不能开启，它由燃烧各阀全闭极限开关和继电器硬件实行联锁，以保证万无一失。PLC 自动换炉系统还可以连接显示器(CRT)以显示热风炉流程图，各阀门状态以及故障报警(电动机过载、各阀门超限和动作超时)等，并可连接打印机以打印各种日报、故障报警等报表。

4.2.3.2　高炉热风炉仪表控制系统

热风炉控制用于热风炉本体温度、压力、流量以及其他相关工艺设备的状态检测、调节、积算、记录等过程控制。另外也包括富氧控制和余热回收系统。

高炉热风炉自动化控制功能主要包括设备联锁控制、换炉过程控制、送风过程控制、燃烧过程控制、闷炉过程控制、助燃空气调节控制、煤气流量调节控制、送风温度调节控制、操作数据设定、数据整理及传送、设备状态监视和设备故障处理。

热风炉的作用是把鼓风加热到要求的温度，它是按"蓄热"原理工作的热交换器。在燃烧室里燃烧煤气，高温废气通过格子砖并使之蓄热，当格子砖充分加热后，热风炉就可改为送风，此时有关燃烧各阀关闭，送风各阀打开，冷风经格子砖而被加热并送出。高炉一般装有 3～4 座热风炉，在"单炉送风"时，2～3 座在加热，1 座在进风，轮流更换，在"并联送风"时，两座在加热，两座在送风。

热风炉自动控制包括下列几项。

(1) 冷风湿度，如图 4.9 所示。两者均是串级控制系统，即各有一个流量自动控制回路，而其定值则由总风量经过比率设定器来设定，即喷入蒸汽量和氧量与风量成比例。对于湿度，冷风管道还装有氯化锂湿度计并和湿度控制器 MIC 相连。当湿度偏离规定值时则修正蒸汽控制系统以保持鼓风中湿度恒定。在蒸汽和氧气管道里，还分别设有压力控制器以保证两者压力稳定。

(2) 富氧自动控制。富氧自动控制系统有一个流量自动控制回路，而其定值则由总风量经过比率设定器来设定，即氧量与风量成比例。还设有自动切断装置，当氧气压力或氧量过低和过高以及送风量或风压过低时，由该装置自动切断氧量，并把管道中残余氧放出和用氮气自动吹扫除。

(3) 热风炉温度自动控制。从鼓风机来的风温约 150～200℃，经过热风炉的风温可高于 1300℃，而高炉所需的热风温度约为 1000～1250℃，且温度须稳定。单炉送风时，其温度控制根据混风调节阀配置而异，有两种方式。一种如图 4.10(a) 所示。控制公用的混风调节阀位置，改变混入的冷风量以保持所需的热风温度，系统还设有高值选择器和手动设定器，以避免在换炉时出现过高的风温，预先打开混风调节阀。另一种是控制每座热风炉的混风调节阀，即如图 4.10(b) 所示，用一台风温控制器切换工作，不送风的热风炉，其混风调节阀的开度由手动设定器设定。并联送风有两种方式，即热并联和冷并联。一般先送风的炉子输出风温较低，而后送风的炉子输出风温较高，故热并联时调节两个炉子的冷风调节阀以改变两个炉子输出热风量的比例，即可维持规定的风温(如图 4.10(c) 所示)；在冷并联时，两个炉子的冷风调节阀全开，和单炉

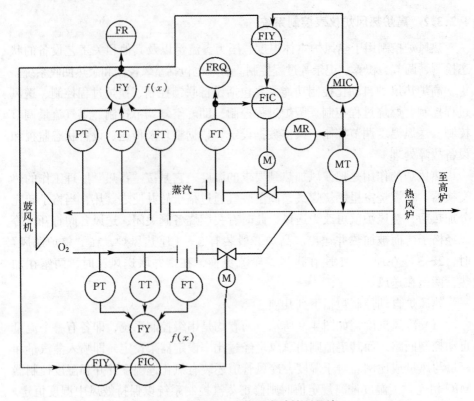

图 4.9 冷风湿度和富氧自动控制系统

送风类似控制混风管道的混风调节阀开度改变混入冷风量以保持风温稳定。

在实际高炉中都设计成可多种选择，既能"单炉送风"，也能"并联送风"：

① 单炉送风。例如要 1 号热风炉送风，其余炉子燃烧或闷炉，则 $J_{11} \sim J_{54}$ 的状态如图 4.11 所示，即 $MV_2 \sim MV_4$、$BV_2 \sim BV_4$ 关闭，BV_1 接 100%（即全开），MT 经 J_{41} 接 MTC。控制 MV_1（控制混入冷风量）以使热风温度恒定。

② 冷并联送风（1 号和 2 号炉送风，其余燃烧）。$J_{11} \sim J_{54}$ 的位置使 BV_3、BV_4、MV_3、MV_4 处于关闭，即 0% 处，BV_1、BV_2 开 50%，MTC_2 由 LT_2 控制并设定比 MTC_1 高 10℃，MTC_1 由 MT 控制以使温度维持恒定。

③ 热并联（即交错并联）送风。

热风温度自动控制通常是以高炉热风环管前的热风温度为给定的送风温度，这种控制方式中，必须是热风炉出口的热风温度始终高于给定的送风温度。大钢系统使用的是交叉并联送风方式，这是较好的一种方式，即把出口温度高的热风炉与温度比较低的另一座热风炉进行并联组合送风。它是通过改变低温或高温热风炉的热风风量来调节热风温度的。由于冷风调节阀是从开启状

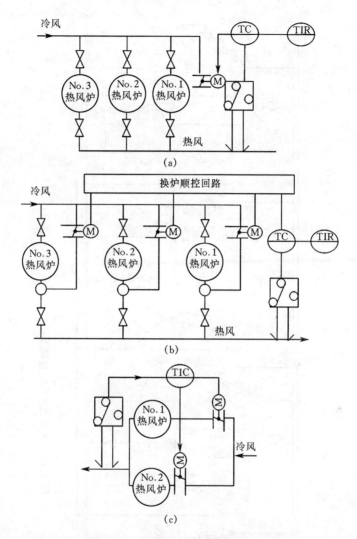

图 4.10　热风温度自动控制系统

态开始动作，因此系统调试重点是调节器的限幅和防止积分饱和功能，以保证冷风调节阀的响应速度。本系统采用单回路 PID 控制。系统原理如图 4.12 所示。

④ 热风炉燃烧控制。热风炉燃烧控制系统主要包括拱顶温度控制、废气温度控制、空燃比控制、废气中氧含量分析。下面介绍配两孔燃烧器的热风炉燃烧控制系统。

配两孔燃烧器的热风炉燃烧器的热风炉燃烧控制（如图 4.13 所示）。燃烧初期，高炉煤气（COG）和空气流量按比率设定器所设定的空燃比进行燃烧：

$$I_{01} = n_1 I_1 + \alpha$$

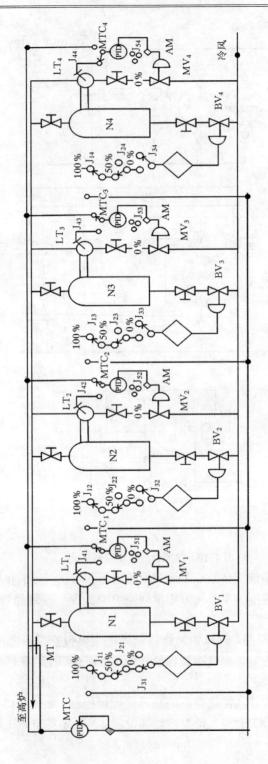

图 4.11 热风温度自动控制系统 (1 号热风炉单炉送风)

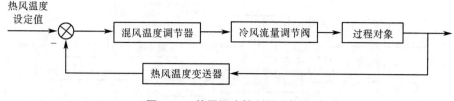

图 4.12　热风温度控制原理框图

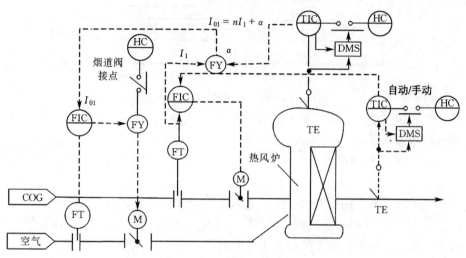

图 4.13　配两孔燃烧器的热风炉燃烧自动控制系统

式中，n_1 为空燃比；I_1 为煤气流量信号；α 为顶温度控制器的输出信号；I_{01} 为空气控制器的设定信号。

当拱顶温度升至设定值时 α 值增加，I_{01} 也随之增加，即加大空气流量来使拱顶温度保持一定值。燃烧初期，利用温度偏差监视器开关信号将调节器置于手动状态，从燃烧初期过渡到蓄热期，拱顶温度进入偏差监视器的设定值时（设定值规定在拱顶温度调节器的设定值下面一点），监视器的接点断开设定器使拱顶温度调节器由手动转为自动。

当燃烧进入蓄热饱和区时，即废气温度升至监视器的设定值，其接点将废气温度调节器由手动转为自动。由于调节器的反作用，其输出随废气温度上升而减小，当达到设定值后就开始减少煤气量，空气流量随之自动按比例减少。

本系统采用双闭环比值控制系统，煤气流量调节和空气流量调节组成 2 个闭环控制，而且煤气流量同时也是空气流量调节器的设定值（根据工艺要求，空燃比 HMI 可以设定），在分别稳定各自的流量值的基础上实现了配比功能。

空气流量调节器还有一路炉顶温度报警联锁输入，当炉顶温度升高且高于设定值时，联锁空气流量调节器，此时空气调节阀开大，煤气量仍维持不变。

煤气流量调节器还有废气温度报警联锁输入，由于过剩的空气量，废气温

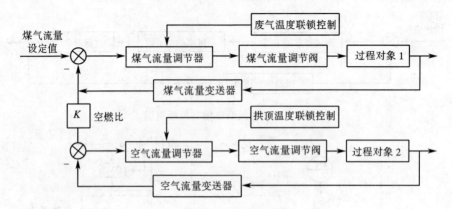

图 4.14 燃气空气流量控制结构图

度上升较快，随废气温度的升高煤气量逐渐减少，直到废气温度为350℃时，煤气流量减为零。

⑤ 助燃风机出口压力控制系统。风机出口压力通过调节风机入口挡板的开度来控制。调节器的输出同时驱动两台风机的吸风挡板，因此需要对其中一台风机的动态特性进行补偿，图中 n 及 β 值通过实验确定。

⑥ 热风炉冷却状态监控。包括循环水槽低水位时自动补水，各热风阀冷却水排出量及温度，热交换器进出口温度等。

⑦ 热风炉余热回收检测。利用热风炉废气来预热煤气和助燃空气。主要是对废气、煤气、助燃空气进出口温度、压力，换热器差压等检测。

如热风炉余热回收中煤气总管压力自动控制。系统控制原理如图 4.15 所示。

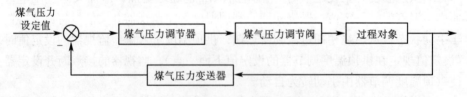

图 4.15 热风炉余热回收系统控制原理

⑧ 热风炉其他检测。外燃式热风炉将检测蓄热室格子砖温度(上部 2 点，中部 1 点，下部 1 点)、燃烧室温度(上、下部各 1 点)、炉壳铁皮温度(80 点)、联络管温度(2 点，用热电偶和辐射高温计分别检测同一点)、炉子出口温度(1 点)及混合室温度等。

4.2.4 高炉本体仪表控制系统

高炉本体控制用于高炉本体温度、压力、流量以及其他相关工艺设备的状态检测、调节、积算、记录等过程。另外高炉出铁场的过程检测点也并入高炉本体控制系统中。

高炉本体自动化控制功能主要包括：热风温度、压力监测、热风温度调节、热风压力传送至配煤系统，冷却壁温度监测、报警，炉衬温度监测、报警，炉顶煤气温度、压力监测、传送至炉顶 PLC，软水回水总管温度、压力、流量监测、流量累计，软水给水总管温度、压力、流量监测、流量累计，软水补水压力、流量监测、流量累计，冷却壁给水管流量监测、流量累计，冷却壁出水管温度、压力、流量监测，风口大套进水管温度、压力、流量监测、流量累计，风口大套出水管温度、压力、流量检测、流量累计，风口中套给水流量累计，风口中套排水压力、流量累计，风口大套给排水支管之间旁通管流量累计，风口小套给水流量累计，高压工业水给水温度、压力、流量累计，常压水主管压力、流量累计，高压工业水回水温度监测，炉身静压监测，炉底冷却水给水主管压力监测，膨胀罐压力、水位监测、水位报警联锁、压力控制，N_2 罐压力监测、压力控制，炉内料位监测、报警联锁，炉底冷却水给水总管流量累计，炉顶降温用水管流量累计，炉喉钢砖冷却水流量累计，炉顶压力、减压阀组控制，风口破损检测，与电动鼓风机控制室之间的数据传输，高炉操作数据监控，高炉本体数据班、日报表，数据记录及生产数据分析整理，设备故障处理，炉身透气性指数监测，报警汇总、分析。

（1）炉顶压力控制。它是一个负反馈系统，由于炉顶压力很高，煤气管道直径很大，故调节阀是成组式的（由 3~5 个阀组成），由于煤气含尘量大，故除取压口采用连续吹扫以外，还在炉顶、上升管和除尘器三处取压并用手动或高值选择器选择最高压力作为控制信号，其控制方式有 3 种方案，可按不同情况采用。

方案一（如图 4.16 所示）是由控制器和接近开关组成。1 号阀作连续控制，当 1 号阀开启到某一程度时，接近开关接点闭合而使 2 号阀开启，如果此时 2 号阀已开启则使 3 号阀开启。反之，如 1 号阀关闭到某一程度，另一侧的接点闭合，将使 2 号、3 号阀类似于上述方式关闭，这样做的目的是使炉顶压力在任何定值下都可全自动而无须人工干预。

方案二是按炉顶压力设定值不同而使 3、4 号阀开启到某一角度，以便与设定压力值相适应，1 号、2 号阀是分程控制的。

方案三与方案一原理类似，1 号至 4 号阀门均为全自动，但各阀是分程控制的。由于现代大型高炉的炉顶压力自动控制均采用 DCS 来执行，故可任意选择或定义某个阀为自动或手动，还要考虑在使用炉顶余压发电装置（TRT）时的情况，后者可以不用减压阀组而全用 TRT 静叶可调的功能来自动控制炉顶压力，或只少量调节减压阀组的一个或最多两个调节阀以自动控制炉顶压力并使之稳定，此外还要考虑 TRT 突然故障时停车或其他处理以及为避免炉顶

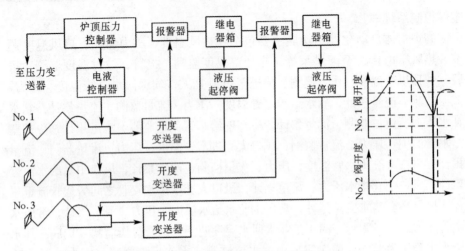

图 4.16　炉顶压力自动控制系统(方案一)

压力突然升高而需紧急排放等。

(2) 高炉透气性监测。高炉透气性指数(index burden permeability of blast furnace)是高炉冶炼过程中风量的平方与料柱阻力损失的比值。它是反映高炉内炉料空隙度和炉料粒度组成之变化的指标。

$$高炉透气性指数=\frac{冷风流量}{热风压力\,PT1109-炉顶煤气压力\,PT1331\,与\,PT1332\,高选值}$$

透气性指数不仅反映整个高炉的压差变化,还反映压差与风量之间的关系,它不仅是良好的判断炉况的指标,还能很好地指导高炉操作,每座高炉都有自己不同条件的顺行、难行、管道、悬料等透气性指数范围。

(3) 炉身冷却控制系统。为了提高热交换效率,实现高炉高效、低耗、长寿的目标,大中型高炉炉身冷却技术大都为冷却壁冷却方式,以及冷却壁结合冷却板的混合冷却方式,冷却水密闭循环方式。高炉密闭循环冷却系统可分为本体系及强化系。本体系主要冷却炉缸、风口、炉腹、炉腰和炉身中下部的冷却壁中的竖管。强化系主要冷却炉底周围、出铁口的冷却壁及炉腹、炉腰和炉身中、下部冷却壁凸台、水平角部管和背部蛇形管,以及炉身上部冷却。密闭水循环的路径为:水处理系统提供的软水(或纯水),经循环水泵加压后,由给水环管圆周上划分的四个区域进行水量分配,冷却水进入冷却设备后从下至上冷却高炉全身。排水首先到达各区的排水集管,然后经每区设置的膨胀罐返回热交换器至循环泵站。

① 密闭循环水运行监视。在泵的出口设有压力计,以监视系统水压是否处于规定的范围之内。当水压过低时,流速下降,热量堆积,损坏炉体设备,因此必须联锁启动备用泵。若压力在某规定时间内还未恢复或继续降至低低点,则通知电控系统转入紧急冷却方式。将高炉大致划分成炉缸、铁口和炉

腹、炉腰以及炉身中下部、炉口等多段，对流量、温度进行监视并计算，监视热负荷以便合理调配水量，防止炉体过冷或过热，同时防止相邻区域发生冷却不均匀。流量计同时还完成了冷却壁的检漏功能。

②膨胀罐水位控制。循环水在膨胀罐内短暂停留后，又回到循环水泵。由于蒸发、污水排放以及物理、化学侵蚀等引起漏水等，造成膨胀罐水位降低，此时需进行补水。在水位处于低点或低低点时，调节器启动投入自动并调节补水量，使水位恢复，调节器偏差消失，且调节阀处于关闭状态时，调节器转入手动状态，等待下一次启动信号的到来。补水分为两种情况：第一，当造成水位下降的原因不是连续漏水时，补水量较小，调节器在补水初期作了限幅处理，补水调节阀打开，呈小开度，水位迅速上升到正常水位。第二，当造成水位下降原因是连续漏水时，补水量较大。此时即使补水调节阀打开，呈小开度，水位并不一定迅速上升，延时一定时间后，检测到水位仍未恢复正常，调节器解除限幅投入自动，最终使补水量与泄漏量平衡。补水调节器应带有手动、自动切换功能。

由于温度升高、补水量过多等，造成膨胀罐水位升高，此时PLC自动开启排放阀，水位下降到正常水位后，排放阀关闭。当水质被污染时，手动打开排放阀。通过排放掉部分污水、补充新水的方法，提高循环水水质，使水质达到要求。

③膨胀罐压力控制。由于高炉炉体温度较高，溶解在循环水中的氧气会对冷却设备内冷却水管发生强烈的氧化作用。为阻止氧气侵入，向膨胀罐充入少量氮气，造成罐内压力高于罐外压力，隔绝循环水与空气的接触。在膨胀罐顶部设有压力计，通过调节充氮量，维持膨胀罐内压力在几百帕左右。另外，为了将罐内的水蒸气排出，现场手动蝶阀应开启一小开度进行排放。此时，若要维持罐内压力，必须连续地充氮气。同时罐内氮气的压力不必很精确，允许有一定的波动，可选择带有死区的调节器，只有当压力出现较大波动时，才改变调节阀的开度。

若罐内水位急剧升高或充入的氮气压力波动过大时，罐内压力可能会出现陡然上升的现象，此时顺控器自动打开排放阀泄压。压力恢复正常后，自动关闭排放阀。

(4)炉身静压检测及反吹阀控制。在高炉生产过程中，了解高炉炉身部位的炉内压力，是工艺生产的迫切要求。目的是掌握从风口到炉身、上下炉身之间以及从炉身再到炉顶封罩的压损情况，另外通过同一平面的多点炉身静压测量，掌握高炉在运行过程中有没有"偏心"。炉身静压测量由两组压力变送器组成，用于监视炉内各点的压力分布情况。

由于高炉的工艺特点，在炉身部位测量压力技术上存在很大的困难，如果在测量技术上不采取相应的技术措施，半熔融状态的物料就会在测压过程中将测压口"堵塞"，最终使炉身测压在高炉投产不久就失去测量功能。

炉身静压反吹阀利用稳定的气流通过测量口向炉内吹入 N_2，使熔融物料不能在测压口聚集，通过检测出入的横流氮气的压力间接测量炉膛压力。因此实现炉身测量具有长期性。

调试工作重点是对间接测量的校正系统进行统调，保证每经过一定的时间间隔根据计算机发出的指令停止氮气吹入，直接测量炉内压力并把测量值输入计算机，进行修正运算。

(5) 风口破损检测。采用电磁流量计，检测风口冷却水的给水量和排水量的流量差，以监视风口是否漏水。由于电磁流量计长期使用会因水垢污染等原因产生漂移，影响正常测量，调试中要对漂移补正系统进行整定，使得每经过一定的时间，通过补正运算单元计算出以前存贮的若干个测量值的平均值，和后测量值进行比较，判定是漂移还是漏水。若判定是漂移，则需进行补正。

4.2.5 喷吹煤粉检测仪表及控制系统

喷吹煤粉工艺主要由供煤系统、制粉系统和喷吹系统三大部分组成。供煤系统是将原煤输送到制粉间上方的原煤仓内。制粉系统主要工艺设备有干燥炉、磨煤机、煤粉收集设施及排风机。原煤由给煤机送至磨煤机，制成符合要求粒度的煤粉。通过排风机将煤粉引入收粉设施并储存在煤粉仓中，供喷吹使用，目前基本上都采用全负压系统，并且引入了热风炉废气作为煤粉的干燥气体及输粉气体。喷吹系统主要由煤粉仓、计量罐(中间罐)和喷吹罐等组成。但有不同的工艺流程，即有重叠罐(或称串罐)及并列罐(或称并罐)布置形式，有上出料和下出料、多管路和单管路加分配器喷吹方式。不同的工艺有不同的特点，如图 4.17 所示为重叠罐上出料多管路喷吹工艺流程。中间罐在常压下从煤

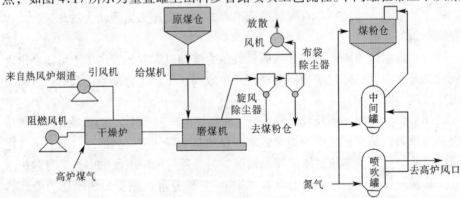

图 4.17　喷吹煤粉工艺流程

粉仓中受粉，达到一定质量后对其进行加压、均压，当喷吹罐煤粉到达低位时，煤粉从中间罐倒入喷吹罐，经流化后，由二次风通过输粉管道将煤粉送入高炉燃烧。由于煤粉为易燃易爆物质，同时工艺过程又为气固两相流状态，因此对自动控制系统的设计提出了较高的要求。

4.2.5.1　供煤系统检测和自动控制

（1）工艺流程简述。供煤系统是将煤输送到制粉间上方的原煤仓内，其工艺流程如图4.18所示。

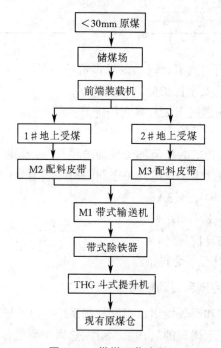

图 4.18　供煤工艺流程

（2）供煤系统工艺设施。在 M1 带式输送机头部设 RCDC-6 带式除铁器。在地上受煤槽下方的插板闸门和配料皮带秤，根据来煤的化学分析进行煤的搭配。带式输送机的宽度均为 650mm，运输量为 40t/h，带速为 1m/s。各个地下受料槽的两侧设有仓壁振动器。

（3）电机或电机执行器的型号及规格如表 4.2 所示。

设备启动顺序逆物料流向一次启动，停车顺序则与启动顺序相反，即顺物料流向停车。

（4）控制设置。对各电气设备的控制除在控制室控制外，均要求有现场机旁按钮。

（5）仪表设置。本供料系统各贮矿槽均设高、低位的料位指示。

表 4.2　　　　　　　　　　　　电机或电机执行器的型号及规格

序号	设备名称	台数	电机型号 或所在处	电功率 （kW）（单）	电功率 （kW）（总）
1	M1 带式输送机	1	Y132S-4	7.5	7.5
2	M2 配料皮带秤	1		2.2	2.2
3	M3 配料皮带秤	1		2.2	2.2
4	RCDD-6 带式除铁器	1		2.2	2.2
5	TZF-15 仓壁振动器	4	TZD-41-2C	1.5	6
6	THG 斗式提升机	1	Y180M-4	18.5	18.5

合计 38.6

（6）其他。

① 供料系统进行电气设计时，要求预留备用回路；

② 带式输送机的安全保护监测装置设置；

③ 在 M1 带式输送机上设有双向拉绳开关。

双向拉绳开关一般沿线固定在带式输送机的两侧，当带式输送机出现故障时，操作人员可在输送机的任何部位拉动拉绳开关，切断电源使设备停车，开关数量视输送机长短而定，拉绳开关之间距离一般为 40~50m。

触点容量：<380V，<3A；

触点数量：常开 1，常闭 1；

复位形式：自动复位。

④ 在原煤仓顶设有一套料位器。

4.2.5.2　制粉系统检测和自动控制

（1）制粉干燥炉和磨煤机出口温度控制系统。为了提高整个制粉系统的防爆能力，即降低系统干燥气的氧含量，引入热风炉废气作为煤粉干燥气体及煤粉输送气体。由于热风炉废气温度变化较大，因而设置干燥炉，产生的高温烟气与热风炉废气混合。干燥炉燃烧高炉煤气，并由比值控制系统使助燃空气与高炉煤气成比例，由出口温度控制器控制干燥炉燃烧的高炉煤气量，以使干燥炉出口温度恒定。在制粉系统中由于受磨煤机负荷及原煤干湿程度变化的影响，尽管干燥炉出口温度稳定，磨煤机后风粉温度也是变化的，如果温度太低，干燥气结露，煤粉就会凝结，影响煤粉的正常生产。因此可将干燥炉出口温度控制作为副环，磨煤机口风粉温度控制作为主环组成串级控制系统。该系统由于采用改变干燥炉燃烧状态作为控制手段，而干燥炉燃烧产生的烟气占整个干燥气的比例通常为 5~10，因此对风量的影响不大。

（2）磨煤机负荷控制系统。磨煤机负荷自动控制是在保证喷吹要求的煤粉细度前提下，使磨煤机在最经济的工况下运行，即中速磨煤机在最佳的转速下运行。磨煤机的负荷控制通常都是通过调节给煤机给煤量来实现的。被调量磨煤机的负荷由于不能直接测量，通常都是以磨煤机前后差压或磨煤机电动机的功率来反映的，两者的选择应与磨煤机制造厂协商。

给煤机给煤量调节是因给煤装置不同而不同，目前常用的有以下 4 种给煤装置：

① 圆盘给煤，主要是通过转数变化来调节给煤量，要配置电机调速装置；

② 皮带给煤机，给煤量是通过改变皮带的运输速度，也就是改变皮带给煤机的转速来调节的，要配置电机调速装置；

③ 链条刮板给煤机，这是一种带机械无级调速装置的给煤机，调节精度较高，要配置电动执行机构、气动长行程或角行程执行机构来调节机械无级变速装置的变速比，从而改变刮板给煤机的速度来调节给煤量；

④ 电磁振动给煤机，这是利用电磁振动原理通过改变给煤机的振动幅度调节给煤量的。

(3) 磨煤机前负压控制系统（如图 4.19 所示）。使用中速磨制粉时，由于煤粉的细度与通风量之间呈比例关系，因此只要保持磨煤机的风量不变，则煤粉的细度不变。在流动阻力不变的情况下，保持磨煤机入口负压稳定，便能达到风量恒定的目的。实际上负压的控制就是煤粉细度的控制，同时还能防止煤粉外泄。磨煤机的负压控制可以以风量作为调节变量，通过控制排风机转速来实现，但这一方式需配变频调速装置，一次投资成本较大，且控制较为复杂，故在排风机后设一调节阀，以改变风机排出风量来实现磨煤机前负压控制。

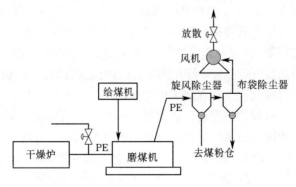

图 4.19　磨煤机前负压控制系统

(4) 制粉系统的自动控制。

① 开机顺序。

润滑油泵—密封风机—分离器—立磨电机（—风机）—喂料皮带秤

② 联锁关系。

润滑油泵—密封风机—立磨电机

③ 控制条件。

润滑油温度小于 20℃，电加热器开；

润滑油温度大于 25℃，电加热器停；

减速机轴瓦温度大于 70℃，立磨电机停；

润滑油压小于 0.09MPa，立磨电机停；

润滑油压大于 0.09MPa，立磨电机允许启动。

④ 电气控制要求。

制粉系统：中速磨制粉系统设有独立的控制体系，可以独立完成系统控制，具体如下。

设备的备妥信号、状态信号、故障信号、报警信号、模拟量输入显示、报警、模拟量输出控制。开机顺序：电加热(低于 25℃ 开，高于 30℃ 关)→润滑油泵→密封风机→旋风分格轮(卸灰阀)→收尘器→分离器(调整转速符合工艺要求)→主风机(主风阀门必须关闭为 0)→主电机→调整烟气量、主风阀门、冷风阀门、热风阀门(符合工艺要求)→定量给煤机(调整产量)→液压站加压泵(调整磨辊压力)→冷却水(供油温度高于 40℃ 开，低于 25℃ 关)。关机顺序：降低烟气量→定量给煤机→调整冷风阀、热风阀稳定系统温度→加压泵(抬磨辊)→主电机→关主风阀→主风机→烟气炉工作停止→分离器→收尘器→旋风分格轮(卸灰阀)→密封风机→润滑油泵。

烟气炉系统：烟气炉设有独立的控制系统，可以独立完成系统控制，上一级系统可以指挥该操作系统工作，具体为：监视烟气炉系统反馈的信号、发出热气体流量及温度设定值改动信号、其他部分故障需烟气系统停机的故障信号。开机顺序：对煤气管路进行吹扫→开启煤气管路所有手动阀门→高炉煤气压力是否达到使用要求(压力开关判断)→开启高炉煤气调节阀在开度 5%→开启助燃空气调节阀在开度 5%→打开热风放散阀(也可以打开炉顶放散口)→打开烟气炉点火炉门并放置火种在烧嘴中心附近→手动开启液化石油切断阀→火焰监测器有火焰信号反馈→开启助燃风机，同时开启高炉煤气快速切断阀→点燃高炉煤气→关闭废气引风机入口阀→开启废气引风机，逐渐加大其流量→系统正常(之后由控制系统自动控制)→关闭液化石油切断阀(炉温在 800℃ 以上时可以关闭)。关机顺序：调节高炉煤气及助燃空气流量到额定值 10%(或阀门开度 5%)→关闭高炉煤气切断阀→关闭助燃风机→关闭废气引风机→关闭磨机入口阀→冷风阀开→手动关闭液化石油切断阀→人工关闭其他阀门→烟气炉停→打开点火炉门及放散阀。

(5) 制粉系统 PLC 条件。所有电气设备均设机旁控制箱与控制柜实现分散操作，在主控室微机上进行启、停集中操作和运行状态监控，在控制室内设微机一台(制粉和煤粉输送系统共用)，显示器 2 台，实现以下工作功能。

①中速磨系统。要求可进行控制柜和微机操作。

(a) 主机：微机上设启动按钮、停车按钮，允许开车，具备开车条件，运行状态(开停)指示，过负荷跳闸、低电压跳闸、单相接地跳闸，电机绕线、铁心温度指示、报警，推力轴承油槽油温指示，报警等。

(b) 分离器电机：微机上设启、停按钮，允许开车，运行状态(开停)指示，转速调节。

(c) 密封风机电机：微机上设启、停按钮，运行状态(开停)指示。

(d) 启、落磨辊：微机上设启、落辊按钮，到位指示。

②煤粉风机。设微机操作和机旁控制箱操作，微机上设启动按钮，停车按钮，允许开车，运行状态(开、停)指示，过负荷跳闸、低电压跳闸、单相接地跳闸，电流指示、报警，机旁控制箱设启动、停车按钮、运行状态指示，电流表及分散(机旁)控制和集中控制转换开关

③给煤机。设微机操作和控制柜操作：微机上设启动按钮，停车按钮，允许开车，运行状态(开、停)指示，荷重指示及调节，断链、断料、堵料、皮带跑偏信号及报警。

④布袋收粉器系统。厂方提供机旁控制柜，微机上设启、停按钮。

⑤润滑油站、液压站、引风机、鼓风机、布袋卸灰阀、振动筛均设机旁控制箱和主控室微机集中操作，机旁控制箱设机旁控制转换开关。集中控制在主控室微机上进行，设允许开车、运行状态指示启、停按钮、故障停机报警。

⑥各设备运行和联锁。煤粉风机启动后，才能启动中速磨系统，中速磨停车后煤粉风机才能停车，中速磨启动后，给煤机才能启动，给煤机停车后，中速磨才能停车，振动筛启动后，布袋卸灰机才能启动，卸灰机停车后，延时30s后振动筛才能停车，振动筛故障停，其上面卸灰阀立刻停车并报警。

4.2.5.3　制粉工艺运行程序

(1) 开车程序。煤粉仓下料位指示"料空"时，发出声光报警，系统开车，操作人员与配电室联系，得到开车允许后进行以下操作：

①启动中速磨系统、煤粉振动筛、布袋收粉器系统；

②打开热风放散阀；

③启动助燃风机，打开助燃风机入口阀，调节煤气调节阀和助燃风放散阀，燃烧炉开始提温；

④打开废烟气调节阀；

⑤启动煤粉风机，打开入口调节阀，调节系统风量达到要求；

⑥启动热风阀，调节热风阀、废烟气调节阀、冷风阀、热风放散阀，保持燃烧炉炉膛负压在 −10～−150Pa；

⑦ 逐步关闭冷风阀，关闭热风放散阀；

⑧ 当布袋收粉器入口温度达到 50℃时，确认磨机抬辊到位，启动中速磨；

⑨ 启动给煤机，确认煤进入磨内，下降磨辊；

⑩ 调节煤气量与助燃风量，使磨机入口、出口温度达到要求。

最后，系统进入正常运行；

(2) 正常运行。

① 通过调节煤气量，保证磨机入口温度达到并不得超过规定值(烟煤温度小于 280℃，无烟煤温度小于 320℃)；

② 通过调节给煤量，保证磨机出口温度；

③ 保持系统风量稳定。

(3) 停车程序。正常停车前通知配电室、燃烧炉等。

① 打开冷风阀、燃烧炉放散阀、热风放散阀，调节煤气流量调节阀、废烟气入口阀和磨机入口阀，控制燃烧炉炉膛负压在 $-10 \sim -150Pa$；

② 停止给煤，磨机抬辊，确认到位，停中速磨；

③ 磨机放辊，确认到位；

④ 当中速磨入口压差降至 2kPa，出口温度不再上升时，停煤粉风机；

⑤ 关闭热风阀，关煤粉风机入口阀；

⑥ 停引风机，关废烟气入口阀；

⑦ 停鼓风机，关鼓风机入口阀；

⑧ 10min 停布袋收粉器，停煤粉振动筛；

⑨ 停密封风机，10min 后停液压站，30min 后停润滑油站；

⑩ 系统停车完毕。

(4) 紧急情况停车。如遇下列故障情况时，须紧急停车处理。

① 中速磨润滑油压低于低限值时或油温高于上限值时，润滑油站故障停机时，发出声光报警；

② 中速磨液压系统加载油压低于低限值时，发出声光报警；

③ 给煤机故障不能给煤时，发出声光报警；

④ 中速磨出口温度大于 150℃，系统氧的体积分数大于 14%，发出声光报警调整无效时；

⑤ 当煤粉振动筛、布袋卸灰阀故障停机时。

以上情况发生时，中速磨应立刻停车，打开冷风阀，按停车程序系统停车。

(5) 紧急充氮。

① 磨煤机入出口氧的体积分数大于 10%时，声光报警且打开磨机充氮阀；

② 磨煤机出口温度大于 93℃时，声光报警且打开磨机充氮阀；

③ 布袋收粉器出口氧的体积分数大于 10% 时，声光报警且打开布袋充氮阀；

④ 布袋收粉器出口 CO 的体积分数大于 300×10^{-6} 时，声光报警且打开布袋充氮阀；

⑤ 煤粉仓 CO 的体积分数大于 300×10^{-6} 时，声光报警且打开煤粉仓充氮阀；

⑥ 煤粉仓温度大于 93℃ 时，声光报警且打开煤粉仓充氮阀。

4.2.5.4　喷吹系统检测和自动控制

喷吹系统按工艺分为串罐式和并罐式两种，但其检测和自动控制项目差别不大，而电气传动控制则因工艺布置不同而不同，本节将以串罐式为例（如图 4.20 所示）进行介绍。其检测和自动控制如下。

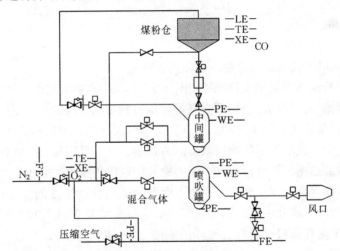

图 4.20　喷吹煤粉自动系统

（1）煤粉仓监视系统。由于煤粉温度和碳氧浓度是引起火灾和爆炸的原因，故要监视煤粉仓料位、CO 的体积分数以及温度。

（2）中间罐和喷吹罐的质量和压力控制。由于中间罐和喷吹罐内压力变化对质量值有影响，而采用压力补偿其对质量的影响，中间罐质量受喷吹罐压力的作用力影响，故采用正压力补正，而喷吹罐质量受中间罐压力反作用影响，故采用负压力补正。

由于中间罐要从煤粉仓受入煤粉并向喷吹罐投入煤粉，所以需要对中间罐进行排压或加压、均压。当与喷吹罐均压后，压力很高，故对中间罐的压力排放采用压力控制系统。

喷吹罐在喷吹过程中，由于喷吹罐内气体与煤粉一起从喷吹罐下部的喷嘴管道吹到高炉内，喷吹罐内压力要靠从喷吹罐下部吹进混合气体以保持压力稳定，且对喷吹罐初次加压，等待喷吹、开始喷吹的加压过程，使调节阀处于一定开度，该开度值可在 CRT 上设定。而在喷吹过程中则自动控制。在喷吹罐受入煤粉时，为使煤粉易于落入，经小加压阀向中间罐吹进气体以进行中间罐加压，此时喷吹罐加压调节阀处于保持状态，并由小排气调节阀进行调节。当喷吹罐压力低于正常喷吹压力时，在 CRT 和操作台发出报警，并同时通过顺序控制停止自动喷吹。

（3）煤粉吹入量控制。煤粉吹入量是通过控制每根管道的载气流量来控制的，这个过程的压力平衡如式（4.1）：

$$p_T = \Delta p_C + \Delta p_A + p_B \tag{4.1}$$

式中，p_T 为喷吹压力，MPa；p_B 为高炉风口前压力，MPa；Δp_C 为由煤粉产生的压力损失，MPa；Δp_A 为由载流气体产生的压力损失，MPa。

有两种方式可任意选用：

① 各风口喷吹量任意分配的个别控制方式；

② 各风口喷吹量均等分配的全体控制方式。

（4）煤粉输送管道闭塞检测。如图 4.16 所示，测量喷吹罐下部压力 p_T 和载流气体管道 p_1，若 p_T 急增超过某规定值时则意味着煤粉在 A 点阻塞（喷嘴阻塞），输送管道中煤粉不流动。若 $p_T - p_1$ 出现负值，则煤粉在 B 点被阻塞（输送管阻塞），此时不仅影响喷吹罐压力控制，且一旦喷枪无气体流动时，就会烧坏，故要迅速打开冷却阀，关闭喷枪元阀以保护喷枪并发出报警。

（5）气体混合控制。这是为了防爆而必须采用低氧浓度的气体（空气与氮气混合）作为喷吹罐及中间罐的加压气体，为此要设置氮流量控制回路，其定值将在 CRT 流程窗口设定混合气体的氧浓度 a（体积分数），并自动依下式运算：

$$Q_{N2} = Q_A \times (20.99 - a)$$

而使混入氮量 Q_{N2} 与压缩空气流量 Q_A 成比例控制。式中 20.99 为空气中的氧浓度（体积分数）。为了稳定氮和压缩空气压力，各自设有压力调节回路，并当压力过低时，发出报警，停止自动喷吹。其他检测，如仪表空气、冷却空气和混合气体等温度、流量、压力等检测。

（6）喷吹系统的自动控制。喷吹系统共设两个喷吹罐，即 1 号、2 号喷吹罐。喷吹系统采用两罐并列、主管加分配器直接喷吹方式，输送至高炉风口平台，由一台分配器向 14 个风口一一对应喷吹。喷吹罐的有效容积为 18m³，置于 3.90m 平台上，有 3 个电子秤压头支承作为称重计量方法。喷吹罐受料口设下加料气动钟阀和上加料气动蝶阀及手动检修蝶阀，喷吹罐上部设有充压阀、补压阀、大放散阀、小放散阀，喷吹罐下部设有流化阀，喷吹罐出料口设有出口阀，喷吹管道上设煤粉管路切断阀。

喷吹系统设定手动、半自动及自动工作模式，并能实现相互之间的无扰动切换。

喷吹系统控制包括过程控制和程序控制。过程控制主要包括：总喷吹速率控制，喷吹的自动加压等。程序控制包括喷吹罐的自动加料操作、自动换罐、自动放散、自动安全联锁和事故报警等操作，并随时打印小时、班、日生产信息和报表等。操作方式为自动、半自动、手动三种方式，并设有事故操作台。

① 喷吹罐自动受料操作。当 1 号喷吹罐料重为设定下限值（可人工设定）、罐压力为零时，2 号喷吹罐料重为满罐值的 30% 时，开始对 1 号喷吹罐进行自动加料，各阀操作顺序为：开 1 号喷吹罐顶部下加料钟阀，开喷吹罐上对应的煤粉仓锥体流化阀，开 1 号喷吹罐顶部上加料蝶阀（开始装煤），1 号喷吹罐质量达到规定值时（可人工设定），关 1 号喷吹罐顶部上加料蝶阀，关 1 号喷吹罐上对应的煤粉仓锥体流化阀，关 1 号喷吹罐顶部下加料钟阀。

② 喷吹罐自动加压控制。当 2 号喷吹罐重为满罐值的 20% 时，开始对 1 号喷吹罐进行加压操作，关 1 号喷吹罐大放散阀和小放散阀，开 1 号喷吹罐充压阀，当 1 号喷吹罐压力达到规定值时，关 1 号喷吹罐充压阀（待机）。

③ 喷吹罐自动喷吹操作。操作过程如下：开 1 号喷吹罐补气阀，开 1 号喷吹罐煤粉管路切断阀，开 1 号喷吹罐流化阀，开 1 号喷吹罐出口阀，开 1 号喷吹罐补压阀，稳定 1 号喷吹罐要求工作压力，关 2 号喷吹罐出口阀，关 2 号喷吹罐流化阀，关 2 号喷吹罐补压阀，关 2 号喷吹罐煤粉管路切断阀，关 2 号喷吹罐补气阀。

④ 喷吹罐自动放散操作。当 1 号喷吹罐进行喷吹时，2 号喷吹罐料进行放散操作，顺序如下：开 2 号喷吹罐小放散阀，当喷吹罐压力达到规定值时，开 2 号喷吹罐大放散阀，当喷吹罐压力约等于零时，等待加料。

⑤ 喷吹管路系统工作状态。喷吹管路系统工作状态分为"喷吹状态""吹扫状态""停喷状态"。

在喷吹系统投入喷吹煤粉前，喷吹管路系统要经过"停喷状态""吹扫状态"，进入"喷吹状态"。在喷吹系统停止喷吹煤粉前，喷吹管路系统要经过"喷吹状态""吹扫状态"，进入"停喷状态"。

（a）喷吹管路的"停喷状态"。喷吹罐流化阀关，充压阀关，补压阀关，加压调节阀停止工作，出口阀关，补气阀关，煤粉管路切断阀关。大小放散阀开。

（b）喷吹管路的"吹扫状态"。喷吹罐出口阀关，补气阀开，煤粉管路切断阀开。

（c）喷吹管路的"喷吹状态"。喷吹罐上、下加料阀关，大、小放散阀关，

充压阀关，补压阀开，

流化阀开，补气阀开，出口阀开，煤粉管路切断阀开。

⑥ 喷吹速率的调节。

(a) 采用 DN32 电动调节阀，在稳定罐压的条件下，根据质量的变化改变补气量以达到调节喷煤量的目的。

(b) 大幅度调节喷煤量时应及时改变罐压。

(c) 通过短时开补压或放散阀稳定喷吹罐压，并防振荡。(喷煤操作时禁开放散阀，同时补压阀应始终处于自动调压状态)

(d) 喷吹罐底流化阀实现按设定值自动调节(需增加自动调节阀及相应控制系统)。

⑦ 数据采集及显示：喷吹罐质量及喷吹曲线，煤粉仓料位，喷吹罐及粉仓温度，喷吹罐、补气器、煤粉管路等各点压力，补气流量、流化流量，设定罐压、设定喷煤量、当前实际喷煤量，根据生产需要组态建立画面、报表，所有控制过程数据保存 30 天，能随时演示历史情况，喷煤速率曲线送高炉值班室，热风压力由高炉值班室送喷煤操作室计算机。

⑧ 喷煤安全联锁系统。煤粉是易燃易爆物质，尤其是烟煤，煤粉的制备及喷吹整个过程都应有安全联锁保障。同时由于喷煤与高炉有着密切的关系，通常情况下不能随意停喷。因此喷煤安全、稳定非常重要。为了消除火源，必须防止产生静电。要求工艺设备有可靠的接地，另外，在极端情况下为了不至于造成重大损失，应设置必要的防爆膜，以控制事故发生在局部。

控制系统的安全联锁，系统必须考虑其可靠性，如电源故障、气源故障甚至系统本身的故障等因素都要加以考虑，并且要采取适当的措施。

(a) 喷吹罐压力高于下设定值(0.01MPa)时，下煤钟阀禁开。

(b) 充压阀与大、小放散阀禁止同时开。

(c) 装煤先开下煤钟阀，延时(3~5s)后再开下煤蝶阀。

(d) 停装煤先关下煤蝶阀，延时(3~5s)后再关下煤钟阀。

(e) 先开喷煤管路切断阀及补气阀，后开喷吹罐出口阀。

(f) 喷煤总管与热风压力差低于设定值(0.15MPa)时，或当压缩空气压力与喷吹罐压力的差值低于设定值(0.01MPa)时，自动切断喷吹罐出口阀。

(g) 两系列的煤粉切断阀、补气阀总有一路开，以使气路通。

(h) 补气调节阀设下限位以保证安全的补气流量。

(i) 当喷吹罐温度高于设定值时(无烟煤为 80℃，烟煤为 70℃)发出声光报警。喷吹用压缩空气改为氮气，转化时，先关气源切断阀再开气源转化阀(先开氮气切断阀再开气源切断阀后关闭压缩空气切断阀)。

(j) 喷煤时，出现下列情况之一，除报警外，必须立即停止喷煤，各有关阀门应立即转换到喷煤前状态。喷煤管道压力超过规定值(0.8MPa)，压缩空气、氮气压力低于规定值(0.5MPa)，喷煤管路切断阀未打开。

温度、氧的体积分数、CO 的体积分数是引起煤粉自燃和爆炸的因素，必须严格地控制在一定的范围内。一旦超限，必须发出报警信息和进行联锁控制。其监测点分布及报警联锁要求如表 4.3 所示。

表 4.3　　　　　　　　　安全参数分布及报警联锁表

位　置 ＼ 参　数	温度	氧气含量	碳含量	功　能	
				报警	联锁
原煤仓	有			H	
磨煤机入口	有			H	HH
磨煤机入口		有		H	HH
磨煤机入口	有	有		H	HH
布袋除尘器	有			H	HH
布袋除尘器出口	有	有		H	HH
煤粉仓	有	有	有	H	HH

另外，二次风量减小，喷吹煤粉量就会增加。当二次风量减小至一定程度，就会因煤粉过多而堵塞煤粉输送管道发生事故，因此必须设置最小二次风量设定线以限制最小二次风量。

4.3　高炉喷煤优化控制

4.3.1　原喷煤系统存在的问题

高炉煤粉喷吹系统烟气加热炉存在的问题较多，除了一般性的设备故障，如电源、供气管道中的燃气压力是否正常(包括焦炉煤气和高炉煤气)、手动阀是否打开以及控制阀的极限设定正确与否等外，从现象上主要表现在以下几方面。

(1) 烟气加热炉点不着火。排除点火器、火焰探测器、阀等一般性的故障，烟气加热炉点不着火还与焦炉煤气气源的质量、空气与焦炉煤气燃烧比率调节、炉内压力有很大的关系。焦炉煤气含有大量的焦油导致阀、喷嘴、管道堵塞，使烟气加热炉点不着火，空气与煤气燃烧比率失调不仅会影响点火，还可能导致 O_2，CO 超标，出现爆炸危险，炉内压力过正压，会反压焦炉煤气，过负压会使煤气与空气无法正常混合，也使烟气加热炉点不着火。

(2) 烟气加热炉点火后熄灭。同样排除点火器、火焰探测器、阀等一般性的故障，烟气加热炉点不着火还与高炉煤气的质量、空气与高炉煤气燃烧比率调节、炉内压力有很大的关系。高炉煤气含有大量的水分导致阀、喷嘴、管道堵塞，使烟气加热炉点火后熄灭，空气与煤气燃烧比率失调不仅会影响点火，还可能导致 O_2，CO 超标出现爆炸危险，炉内压力过正压，会反压高炉煤气，过负压会使煤气与空气无法正常混合也使烟气加热炉点火后熄灭。

(3) 磨机 O_2，CO 含量超标。O_2，CO 含量是烟煤喷吹系统最关键性的参数之一，烟煤易燃易爆的特性对两者的含量控制提出了很高的要求。所以在废气管道、升温炉出口、磨机出口、布袋出口、粉仓等关键部位都安装了 O_2，CO 分析仪。导致 O_2，CO 超标的一般情况主要是设备及管道破损，热风炉废气超标和烟气加热炉空气与煤气燃烧比率失调也可导致 O_2，CO 超标。在烟气加热炉工作期间，系统有明火，此时对 O_2，CO 含量的控制更是整个系统安全运行的基本保障。

(4) 磨机温度控制失调。从炼铁工艺可知，必须把经过加热的烟气送入磨机并对煤粉进行干燥处理，才能得到符合质量要求的煤粉。因此磨机温度控制十分重要，直接影响制粉质量。实际生产中发现，磨机温度控制很容易失调，经常出现温度偏低或偏高的现象。温度偏低，无法对制粉进行充分的干燥，影响制粉的质量和煤粉喷吹的效果，温度偏高，不利于安全。其温度控制系统如图 4.21 所示。

需要解决的问题归纳为以下几点：

① 燃烧介质净化；

② 建立更合理的燃烧配比模型；

③ 烟气加热炉压力调节；

④ 磨机温度调节。

4.3.2 煤粉喷吹系统的优化控制

高炉煤粉喷吹系统运行过程中，主要依靠手动调节参数，自动化程度低，未能达到预期的目标。

在原有硬件基础设施上，进行技术上的改造，改变原有系统的控制方式，技术方案改造如下。

(1) 燃烧介质净化。燃烧介质净化相对来说是一个简单的问题，对于焦炉煤气，在总管上加上脱焦设备，而对高炉煤气则在总管上增加脱水、脱油装置。除此之外，为了提高气动阀的可靠性，减少阀故障，可以将气动阀的控制气源由压缩空气改为氮气。

(2) 建立更合理的燃烧配比模型。为了提高煤气燃烧效率，同时最大限度地降低 O_2，CO 的含量，首先对燃烧介质进行分析，并在此基础上经过反复多

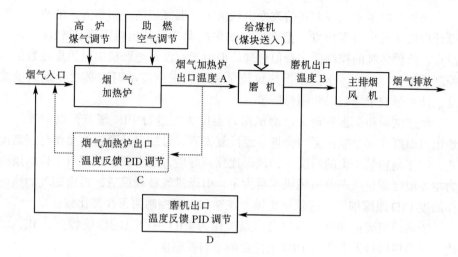

图 4.21　温度控制系统

次试验与优化，建立更合理的燃烧配比模型来实现该目标。

（3）烟气加热炉压力控制。由于原系统设计的操作与控制模式过多地依赖主排烟风机和烟气加热炉调节。主排烟风机的调节势必引起烟气加热炉压力控制不稳，造成烟气加热炉点不着火或者点火后熄灭，还导致炉温波动大，温度不稳定。

如前所述，烟气加热炉经常发生故障(如熄火等)，很大程度上与压力不稳有关。若能控制好压力，将对减少加热炉故障次数并稳定磨机出口温度起至关重要的作用。

优化之前，系统设计的操作与控制模式是把烟气加热炉出口温度作为控制点，在这种模式控制下，为了调节温度，过多地依赖主排烟风机和烟气加热炉调节，主排烟风机的调节势必造成压力波动，从而导致温度不稳定，炉温波动大。

（4）磨煤机出口温度调节。在烟煤制粉系统中，有两个核心的温度控制点，一个是烟气加热炉出口温度，一个是磨机出口温度。

制粉系统制粉质量的好坏与温度的控制有很大的关系，无论制粉量(给煤量)如何变化，磨机出口温度必须控制在一定的范围(如 84～87℃)。在以往的经验中，磨机出口温度直接由热风流量来控制，也就是通过调节引风机入口调节阀和主排烟风机转速来控制，但这种调节方式使温度波动较大，而且压力波动也大，给烟气加热炉的操作带来很多困难。因而，改为在较小范围调节时由烟气加热炉来调节，只是在烟气加热炉调节超限时才由热风流量来调节。这种调节方式在高炉喷煤量稳定，即制粉量一定时效果特别显著，使整个系统工作在很稳定的良性状况下。

磨机出口温度调节方式的改变也就决定了烟气加热炉调节方式的改变。原设计仅仅从安全角度出发，把烟气加热炉的调节以其出口温度作 PID 调节主控点，这种传统的控制模式看似合理，但由于它没有把磨机出口温度参数引入控制系统参与温控，于是，当热风流量和压力发生波动时，必然导致温度波动，从而影响干燥效果和制粉质量。

经过试验和探索发现，以磨机出口温度为准进行 PID 调节，以烟气加热炉出口温度作安全联锁更为合理。经反复摸索，总结出一套新的操作与控制模式，即在制粉量一定的情况下，风煤比预调好后，压力调整以调节主排烟风机为主，温度调整以调节引风机流量为主，引风机流量调稳后，再由烟气加热炉作温度 PID 跟踪细调，这就使得压力控制和温度控制两条线都比较稳定。

于是，突破把烟气加热炉出口温度作为 PID 主控点的传统控制模式，创建了以磨机出口温度作为 PID 主控点的新的控制模式。

针对改造前煤粉喷吹系统中存在的问题，以烟气加热炉入口温度和出口温度、燃烧介质含量与工艺要求之间的偏差及其偏差变化作为输入量，磨机出口温度作为输出量建立一个单输入、单输出的二维模糊控制系统，然后将 PID 与模糊控制相结合引用到模糊控制系统中，设计了一种基于模糊 PID 的原理及控制算法的新型煤粉喷吹系统。

4.3.3 模糊 PID 控制的煤粉喷吹系统

4.3.3.1 系统输入输出变量的确定

在烟气加热炉生产过程中，入口炉温和出口炉温是衡量生产是否稳定、产品质量优劣的重要参数，另外，烟气加热炉尾气中的 CO 和氧含量既是衡量生产安全的标准，又是煤粉是否燃烧充分的重要指标。而煤粉的燃烧程度、输出口的温度是否达到工艺要求首先取决于煤粉的实际流量，其次是煤粉的燃烧程度。因此，针对改造前煤粉喷吹系统中的工艺设定参数与实际运行参数有误差的情况，设计模糊控制器的输入变量为实际运行中加热炉入口温度，CO 实际值与工艺设定值之间的偏差 E 及偏差变化率 E_c，输出变量为磨机的出口温度。

4.3.3.2 系统控制规则

(1) 选择输入输出变量词集。根据工艺，会对系统炉头入口温度和 CO 含量设定一个工艺期望值。磨机出口温度有一个工艺设定值。设入口温度的工艺期望值为 T_1，CO 含量的期望值为 Q，磨机出口温度的期望值为 T_2，实际运行中的各参数实际值为 T_1'，Q'，实际值与工艺设定值之差为 $\Delta T_1'$，ΔQ。这样就可以建立一个标准的模糊控制输入结构框图，其结构如图 4.22 所示。

考虑到本系统只将取偏差和偏差变化作为输入，因此将这两个偏差变化输

入量 x_2，x_4 的描述语言变量设为三个，即 $\{NB, O, PB\}$。而对于偏差输入量 x_1，x_3 和输出量 u，则选择五个语言变量，即 $\{NB, NS, O, PS, PB\}$。温度误差的基本论域为 $[-60℃, +60℃]$（把 $-30℃$，$+30℃$ 扩大 20 倍，以提高系统的灵敏度），量化因子 $K_e = 0.1$。误差变化率的基本论域为 $[-0.6, +$

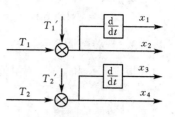

图 4.22 模糊 PID 输入量

$0.6]$，量化因子为 $K_c = 10$。输出量的基本论域为 $[82℃, 88℃]$，将 $[82℃, 88℃]$ 转换为区间 $[-6, +6]$ 变化的量 x'，采用如下公式：

$$x' = \frac{12}{b-a}\left[x - \frac{a+b}{2}\right] \tag{4.2}$$

（2）定义各模糊变量的模糊子集。在本系统中，各模糊子集的隶属函数确定如图 4.23 所示。

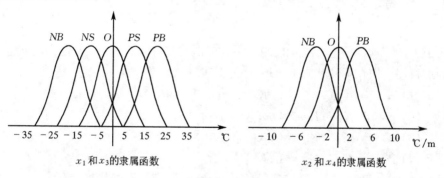

x_1 和 x_3 的隶属函数　　　　　x_2 和 x_4 的隶属函数

图 4.23 各变量的隶属函数

（3）建立模糊控制规则。通过长时间的观察和总结，现在就将本系统的部分模糊控制规则列举如下：

if $x_2 = PB$ and $x_1 = PB$ and $x_4 = NB$ and $x_3 = NB$ and $y_1 = PB$

if $x_2 = PB$ and $x_1 = PB$ and $x_4 = PB$ and $x_3 = PB$ then $y_1 = PB$

if $x_2 = 0$ and $x_1 = 0$ and $x_4 = PB$ and $x_3 = PB$ then $y_1 = 0$

if $x_2 = PS$ and $x_1 = PB$ and $x_4 = PS$ and $x_3 = PB$ then $y_1 = NS$

if $x_2 = PS$ and $x_1 = PB$ and $x_4 = NS$ and $x_3 = NB$ then $y_1 = NS$

if $x_2 = 0$ and $x_1 = NB$ and $x_4 = 0$ and $x_3 = NB$ then $y_1 = PS$

if $x_2 = 0$ and $x_1 = PB$ and $x_4 = 0$ and $x_3 = PB$ then $y_1 = NS$

if $x_2 = PB$ and $x_1 = NB$ and $x_4 = PB$ and $x_3 = NB$ then $y_1 = NS$

if $x_2 = NB$ and $x_1 = PB$ and $x_4 = NB$ and $x_3 = PB$ then $y_1 = PS$

if $x_2 = PB$ and $x_1 = PB$ and $x_4 = 0$ and $x_3 = 0$ then $y_1 = NB$

if　$x_2 = NB$ and $x_1 = NB$ and $x_4 = NB$ and $x_3 = NB$ then $y_1 = PB$

4.3.3.3　参数调整算法

根据 $|E|$ 和 $|EC|$ 测量值可用下式计算 PID 的 3 个参数。

$$K_P = \frac{\sum_{i=1}^{5} \mu_i[(|E|, |EC|) \times K_{Pi}]}{\sum_{i=1}^{5} \mu_i(|E|, |EC|)} \tag{4.3}$$

$$K_I = \frac{\sum_{i=1}^{5} \mu_i[(|E|, |EC|) \times K_{Ii}]}{\sum_{i=1}^{5} \mu_i(|E|, |EC|)} \tag{4.4}$$

$$K_D = \frac{\sum_{i=1}^{5} \mu_i[(|E|, |EC|) \times K_{Di}]}{\sum_{i=1}^{5} \mu_i(|E|, |EC|)} \tag{4.5}$$

式中，K_{Pi}，K_{Ii}，$K_{Di}(i=1, 2, \cdots, 5)$ 为参数 K_P，K_I，K_D 在不同状态下的加权，它们在不同状态下可取：

(1) $K_{P1} = K_{P1}', K_n = 0, K_{D1} = 0$

(2) $K_{P2} = K_{P2}', K_n = 0, K_{D2} = K_{D2}'$

(3) $K_{P3} = K_{P3}', K_n = 0, K_{D3} = K_{D3}'$

(4) $K_{P4} = K_{P4}', K_n = 0, K_{D4} = K_{D4}'$

其中，$K_{P1}' \sim K_{P5}'$，$K_{I1}' \sim K_{I5}'$，$K_{D1}' \sim K_{D5}'$ 分别是不同状态下对参数 K_P，K_I 和 K_D 用常规的 PID 参数整定法得到的整定值。

这就是模糊 PID 在煤粉喷吹系统中的理论应用。

4.4　高炉炉温预测的优化

4.4.1　高炉炉温判定介绍和传统预测方法的缺陷

(1) 高炉炉温判定介绍。由于高炉是一个包括复杂物理化学变化和传输的高温封闭反应器，一般通过高炉铁水硅含量(一般称为化学热)或者铁水温度来间接反映炉内的温度变化，判断高炉炉缸热状态。反映高炉炉温的指标主要有二个：物理热，即铁水温度，正常生产时是在 1430～1530℃ 波动，一般在1470℃左右；化学热，即铁水含硅量，正常生产时炉缸温度(渣铁温度)与生铁中硅含量成直线关系。

由于高炉炉温受到许多因素的制约，如原燃料质量的变化、高炉下料状况、炉内化学反应的变化、炉型波动的影响、气流分布的变化、布料的变化、渣铁排放、喷煤的波动等。这些因素中许多方面的波动是很难被及时发现的，即使发现了有时候也难以确定变化的趋势和发生的程度。所有这些都对及时、准确地判断高炉炉温的走向及变化的程度造成障碍。

（2）传统高炉炉温预测方法的缺陷。传统的高炉炉温预测方法用的比较多的是基于控制理论的时间序列方法、基于神经网络的方法和基于专家知识的传统专家系统方法。

① 基于时间序列预测方法。该预测方法应用"递推最小二乘法"进行模型识别，引入遗忘因子以考虑数据的历史作用，在自变量向量中引入非线性项。

时间序列方法的精度比较好，能够给出炉温的数值预报，但存在一定的滞后性，而且该时间序列是非稳态的，该预报的命中率明显地依赖于炉况的稳定程度。

② 基于神经网络预测方法。神经网络模型当炉况波动或异常时，精度较低，推理的过程不透明，不利于指导现场操作。

③ 基于传统专家系统预测方法。采用传统的专家系统效果并不是很理想。这是因为传统采用的专家系统的规则通常为

$$\text{if } x_1 > a_1,\ x_2 > a_2,\ \cdots,\ x_n > a_n,\ \text{then } y \text{ 是 } b。$$

但这种方法不是很适应我国高炉的管理水平，我国大多数的高炉操作是粗放式的，许多高炉操作人员不太习惯高炉的量化操作，这种规则要求不符合工长的思维习惯，工长很难制定这样的规则，而且推理的结果 b 是一种现象，对于高炉炉温值（精确数据）很不适合。因此采用传统的专家系统对于高炉炉温的预测不合适。

4.4.2 高炉炉温预测模糊专家系统研究

（1）高炉炉温预测的知识获取和表示。本系统采用的知识获取方式是非自动知识获取，其工作方式如图 4.24 所示。

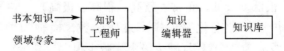

图 4.24 高炉炉温预测专家系统的知识获取方式

其知识主要来源于高炉冶炼、专家系统等方面的相关文献，以及同有关高炉专家和技术人员学习和探讨获得，获取有用的知识后，通过知识编辑器编辑成为计算机可以识别的知识表示形式，最后存入知识库。本系统采用

Microsoft Access 2000 数据库系统作为知识的存储和管理系统以发挥数据库录入简单、条目明晰的特点。

在高炉炉温预报的过程中，各种对应判断规则是所使用的炉温预测知识。产生式表示法是表示规则的有效方法，同时它又具有接近于人类的思维方式：知识表示直观、自然、便于推理；易于设计、控制和检测；知识的增、删、改方便等优点，因此在炉温预报时采用基于产生式的知识表示法，这些知识来源于领域专家处理问题的知识和经验。既然领域专家的知识和经验是不确定的，知识库的规则也就必然具有不确定性。为了解决这个问题，本书采用了模糊化的知识表示形式。

(2) 高炉炉温预测的影响参数的模糊化。对于模糊系统而言，它只能处理模糊化的数据，得到的变量都是数字变量，虽然这些变量的采样周期不同，但经过处理后都可以变成周期按 15min 进行变化的数据。

根据影响高炉炉温的主要因素和高炉专家的经验，及长期的实践经验，选取以下变量作为推理的前置条件：炉温、炉热指数变化率、CO_2 变化率、溶损反应碳消耗变化率、下料速度变化率、渣皮脱落指数。推理的结果是炉温变化率。

根据高炉操作专家对这 7 个变量的经验，确定了相对应的模糊隶属函数。

在本书中采用三角形模糊器。三角形模糊器将 $x^* \in U$ 映射成 U 上的模糊集 A'，它具有如下三角形隶属度函数：

$$\mu_A(x) = \begin{cases} \left(1 - \dfrac{|x_1 - \dot{x}_1|}{b_1}\right) * \cdots * \left(1 - \dfrac{|x_n - \dot{x}_n|}{b_n}\right) & |x_i - \dot{x}_i| \leqslant b_i, i = 1, 2, \cdots, n \\ 0 & \text{其他} \end{cases}$$

$$(4.6)$$

式中，参数 $b_i(i = 1, 2, \cdots, n)$ 为正数；t 为范数；$*$ 通常选用代数积算子或最小(min)算子。

x 为向量，p 是 x 的维数。模糊集合 A_x 可表示为

$$\mu_{A_N}(x) = \mu_{A_{x1}}(x_1 * \cdots * \mu_{A_{Xp}}(x_p)) \tag{4.7}$$

图 4.25 为炉温模糊隶属函数，横轴为铁水的温度(℃)，模糊的等级分为 7 个等级(极低、很低、较低、正常、较高、很高、极高)。

图 4.26 为炉温指数变化率模糊率隶属函数，横轴为炉热指数变化率(%)，模糊的等级分为 7 个等级(减少极大、减少很大、减少较大、变化不大、增加较大、增加很大、增加极大)。

图 4.27 为二氧化碳变化率模糊率隶属函数，横轴为二氧化碳变化率(%)，模糊的等级分为 5 个等级(减少很大、减少较大、变化不大、增加较大、增加很大)。

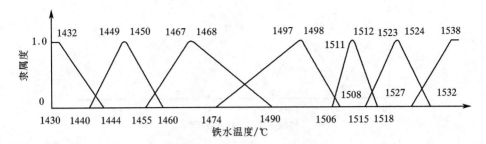

图 4.25   炉温模糊隶属函数

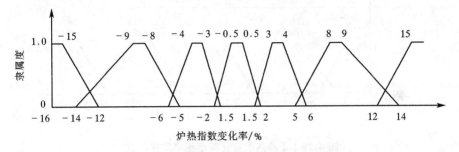

图 4.26   炉温指数变化率模糊率隶属函数

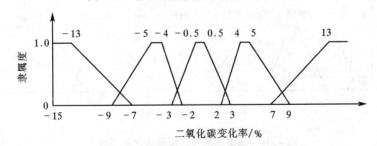

图 4.27   二氧化碳变化率模糊率隶属函数

图 4.28 为熔损反应碳消耗变化率模糊率隶属函数,横轴为熔损反应碳消耗变化率(%),模糊的等级分为 5 个等级(减少很大、减少较大、变化不大、增加较大、增加很大)。

图 4.29 为下料速度变化率模糊率隶属函数,横轴为下料速度变化率(%),模糊的等级分为 5 个等级(减少很大、减少较大、变化不大、增加较大、增加很大)。

图 4.30 为渣皮脱落指数模糊率隶属函数,横轴为渣皮脱落指数,模糊的等级分为7个等级(没有、极少、很少、较少、较多、很多、极多)。

图 4.31 为炉温变化率模糊率隶属函数,横轴为炉温变化率(%),模糊的等级分为 7 个等级(减少极大、减少很大、减少较大、变化不大、增加较大、增加很大、增加极大)。纵轴都为模糊后的隶属度(0~1)。

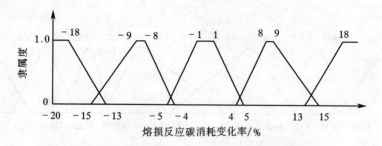

图 4.28　熔损反应碳消耗变化率模糊率隶属函数

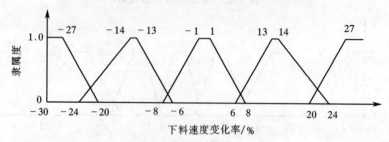

图 4.29　下料速度变化率模糊率隶属函数

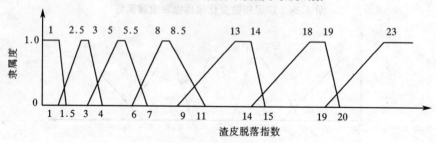

图 4.30　渣皮脱落指数模糊率隶属函数

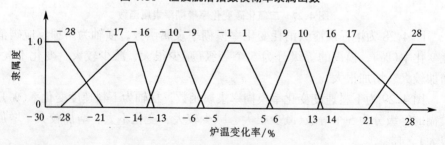

图 4.31　炉温变化率模糊率隶属函数

（3）高炉炉温预报专家系统的模糊化规则库。经过进一步的分析，对上述影响因素可以做进一步的简化，最终只采用 T_{hm}，CO_2，SLC，MV，$Sccab$，T_q 6 个参数作为模糊系统设计的基础。

实际在一般环境下，人们会采用如下 3 条规则来驾驶汽车：

如果速度慢，则施加给油门较大的力；

如果速度适中，则施加给油门正常大小的力；

如果速度快，则施加给油门较小的力。

这里"慢""较大""适中""正常大小""快""较小"都是精确数据通过模糊隶属函数得到的模糊量。同样的道理，在高炉炉温预测的模糊推理中也采用类似的规则。

本书讨论的炉温预报专家系统采用模糊产生式法来表示规则，规则的前提是影响炉温的各个因素，结论是炉温的趋势。将采集到的数据进行预处理得到的参数经过上述隶属函数的处理后的响应的模糊规则进行匹配，从而得到预报结果。

根据专家的经验制订了符合他们推理习惯的规则，制订了 203 条推理规则。由于篇幅关系，这里列出几条典型的规则。例如：

当炉温极低，且二氧化碳增加较多，则炉温降低很大；

当炉温很低，且二氧化碳增加很多，则炉温降低较大；

当炉温正常，且渣皮脱落很多，则炉温降低较大；

当炉温很高，且渣皮脱落较多，则炉温变化不大；

当炉温很高，且料速变化不大，则炉温升高很大；

当炉温很低，且料速增加很多，则炉温降低极大；

当炉温极低，且炉热指数增加极多，则炉温降低很大；

当炉温正常，且炉热指数增加极多，则炉温降低较大。

在多维模糊控制器中的多输入单输出模糊控制器中，模糊规则的一般形式为

$$R_1: \text{if } X_1 \text{ is } A_{11} \text{ and } \cdots \text{ and } X_m \text{ is } A_{m1} \text{ then } Y \text{ is } B_1$$

$$R_2: \text{if } X_1 \text{ is } A_{12} \text{ and } \cdots \text{ and } X_m \text{ is } A_{m2} \text{ then } Y \text{ is } B_2$$

$$\cdots\cdots$$

$$R_n: \text{if } X_1 \text{ is } A_{1n} \text{ and } \cdots \text{ and } X_m \text{ is } A_{mn} \text{ then } Y \text{ is } B_n$$

其中，A_{11}，A_{12}，$\cdots$，A_{1n}，$\cdots$，A_{m1}，A_{m2}，$\cdots$，A_{mn} 和 B_1，B_2，$\cdots$，B_n 均为输入输出论域上的模糊子集。对于上述多重模糊推理语句，其总的模糊控制规则为

$$R = \bigcup_{i=1}^{n} R_i = \bigcup_{i=1}^{n} [(A_{1i} \times \cdots \times A_{mi})] \to B = \bigcup_{i=1}^{n} (A_{1i} \times \cdots \times A_{mi}) \times B_i$$

$$(4.8)$$

又已知前提 $X_1 \text{ is } A_1^* \text{ and } \cdots \text{ and } X_m \text{ is } A_m^*$，则

$$B^* = (A_1^* \times A_2^* \times \cdots \times A_m^*) \circ R = (A_1^* \times A_2^* \times \cdots \times A_m^*) \circ \bigcup_{i=1}^{n} R_i$$

$$= \bigcup_{i=1}^{n} [(A_1^* \times A_2^* \times \cdots \times A_m^*) \circ R_i]$$

$$= \bigcup_{i=1}^{n} \{(A_1^* \times A_2^* \times \cdots \times A_m^*) \circ [(A_{1i} \times \cdots \times A_{mi}) \to B]\}$$

$$= \bigcup_{i=1}^{n} \{[A_1^* \circ (A_{1i} \to B_i)] \bigcap [A_2^* \circ (A_{2i} \to B_i)] \bigcap \cdots \bigcap$$

$$[A_m^* \circ (A_{mi} \to B_i)]\}$$

$$= \bigcup_{i=1}^{n} \bigcup_{i=1}^{m} [A_j^* \circ (A_{ij} \to B_i)] \tag{4.9}$$

(4) 高炉炉温预测专家系统的模糊推理机。模糊推理机主要是利用模糊逻辑原理把模糊规则库中的 IF-THEN 规则组合成从 U 上模糊集 A' 到 V 上的模糊集 B' 上的映射。在炉温预测模糊推理中，使用了乘积推理机（Product Inference Engine），其用到了以下推理：使用模糊并组合的独立推理；Mamdani 积含义；所有的 t-范数算子都选用代数积算子，所有的 s-范数算子都选用最大算子。

其中独立推理的运算过程如下。

① 对于规则库中 M 条模糊规则，确定其隶属度函数：

$$\mu_{A_1^L * \cdots * A_N^L}(x_1, \cdots, x_n) = \mu_{A_1^L}(x_1) * \cdots * \mu_{A_m^L}(x_n)$$

② 把 $A_1^l \times \cdots \times A_n^l$ 看作 FP1，把 B' 看作 FP2，含义→取 Mamdani 含义，然后确定

$$\mu_{R_n^i}(x_1, \cdots, x_n, y) = \mu_{A_1^L * \cdots * A_{N \to B^l}^L}(x_1, \cdots, x_n, y)$$

③ 对于 U 上给定的输入模糊集合 A'，确定每条规则 $R_M^{(l)}$ 库的输出模糊集 B_l，即

$$\mu_{B_l^*} = \sup t[\mu_{A^*}(x), \mu_{R_M^l}(x, y)] \tag{4.10}$$

④ 模糊推理机的输出是 M 个模糊集 $\{B_1', \cdots, B_M'\}$ 的并组合或交组合。并和交运算分别取 s-范数算子和 t-范数算子。

乘积推理机用公式表示为

$$\mu_{B^*}(y) = \max_{l=1}^{M} \left[\sup_{x \in U} \mu_{A^*}(x) \prod_{i=1}^{n} \mu_{A_1^L}(x_i) \mu_{B^*}(y) \right] \tag{4.11}$$

(5) 高炉炉温预测专家系统的解模糊器

通过模糊推理得到的结果是一个模糊集合或者隶属函数，但在实际使用中，特别是在模糊逻辑控制中，必须用一个确定的值才能去控制伺服机构。在推理得到的模糊集合中取一个相对最能代表这个模糊集合的单值的过程就称作模糊判决（defuzzification）或解模糊。在本书中采用重心解模糊器。

所谓重心解模糊就是取模糊隶属函数曲线与横坐标轴围成面积的重心作为

代表点。理论上应该计算输出范围内一系列连续点的重心，即

$$y^* = \frac{\int y\mu_{B^*}(y)\mathrm{d}y}{\int \mu_{B^*}(y)\mathrm{d}y} \tag{4.12}$$

式中，$\int_V$ 是常规积分，图 4.32 表明了这一计算过程。

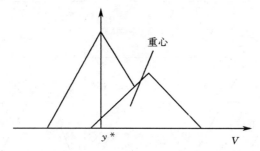

图 4.32　重心解模糊器示意图

如果将 $\mu_{B^*}(y)$ 看作一个随机变量的概率密度函数，则重心解模糊器给出的就是这个随机变量的均值。有时应消去那些在 B' 中的隶属度值太小的 $y \in V$，这使得重心解模糊器变为

$$y^* = \frac{\int_* y\mu_{B^*}(y)\mathrm{d}y}{\int_* \mu_{B^*}(y)\mathrm{d}y} \tag{4.13}$$

式中，凡 V_α，α 为常数，定义为 $V_\alpha = \{y \in V \mid \mu_{B^*}(y) \geqslant \alpha\}$

重心解模糊器的优点在于其直观合理，言之有据。缺点在于其计算要求高。

对于不规则变化形状函数的积分找到统一的算法实现比较困难，通过引入中间节点的方法，解决了隶属函数为梯形函数和三角形函数积分的求解方法。

首先观察模糊域相交的 6 种情况可以分为 3 类，如图 4.33 所示。

在每个模糊域相交处引入 3 个节点值，具体情况如下。

① 对于第一节点。

第三种情况：x[3i] = Fuzzy_R(W[i]，i+2，0)

第一、二种情况：x[31] = Fuzzy_R(W[i]，i+2，1)

② 对于第三节点。

第一种情况：x[3i+2] = Fuzzy_R(W[i+1]，i+1，1)

第二、三种情况：x[3i+2] = Fuzzy_R(W[i+1]，i+2，0)

③ 对于第二节点。

第一种情况：x[3i+1] = x[3i+2]

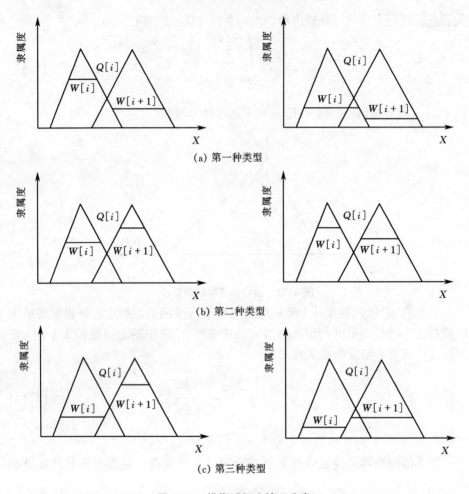

(a) 第一种类型

(b) 第二种类型

(c) 第三种类型

图 4.33　模糊域相交情况分类

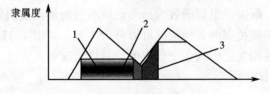

图 4.34　积分区域

第二种情况：$x[3i+1] = \mathrm{Fuzzy\_R}(Q[i], i+1, 1)$

第三种情况：$x[3i+1] = x[3i]$

其中函数 $\mathrm{Fuzzy\_R}(,,)$ 第一个参数是隶属度，第二个参数是模糊域的序列号，第三个参数是位于模糊域的左边或者右边。根据计算出来的一系列的节点值，就可以很方便地进行积分运算：

第一个节点和上一组的第三个节点间是高度为 $W[i]$ 的面积积分；

第一个节点和第二个节点间是线性函数(斜率为 A1[i]，截距为 B1[i])的面积积分；

第二个节点和第三个节点间是线性函数(斜率为 A0[i]，截距为 B0[i])的面积积分，从而得到去模糊化的值。

第 4 章参考文献

[1]　刘玠，马竹梧. 炼铁生产自动化技术[M]. 北京：冶金工业出版社，2005.

[2]　刘云彩. 高炉布料规律[M]. 北京：冶金工业出版社，2005.

[3]　周生华，程树森，孙建设. 莱钢 1 号 1880m³ 高炉装料制度的探索[J]. 炼铁，2007，26(1)：33-36.

[4]　杜鹤桂，郭可中. 高炉无钟布料的重要环节：平台的形成[J]. 炼铁，1995，14(3)：33-36.

[5]　曹曙. 连续退火和全氢退火工艺及设备的发展[J]. 上海金属，1995(3)：12-18.

[6]　查先进. 冷轧宽带钢连续退火炉与罩式退火炉的比较研究[J]. 冶金信息，1999(1)：17-19.

[7]　何建锋. 冷轧板连续退火技术在宝钢的应用[J]. 轧钢，2003(3)：32-34.

[8]　康永林. 现代汽车板的质量控制与成形性[M]. 北京：冶金工业出版社，1999.

[9]　王如竹. 吸附式制冷[M]. 北京：机械工业出版社，2002.

[10]　钱家麟，等. 管式加热炉[M]. 2 版. 北京：中国石油化工出版社，2003.

[11]　宋建成. 高炉炼铁理论与操作[M]. 北京：冶金工业出版社，2005.

[12]　刘云彩. 当代高炉炼铁成就[J]. 炼铁，2001(3).

[13]　张景智，高炉热状态优化和预测模型及其应用[J]. 华东冶金学报，1994(4)：27.

[14]　孙克勤，高炉铁水含硅量预报自适应数学模型的研究与试验[J]. 钢铁，1989，24(6)：4-8.

[15]　《工业自动化仪表手册》编委会. 工业自动化仪表手册：第四分册[M]. 北京：机械工业出版社，1998.

[16]　戴云阁，等. 普通钢铁冶金学[M]. 沈阳：东北大学出版社，1991.

[17]　秦文生，杨天钧. 炼铁过程的解析与模拟[M]. 北京：冶金工业出版

社, 1991.

[18] 马竹梧, 等. 钢铁工业自动化: 炼铁卷[M]. 北京: 冶金工业出版社, 2000.

[19] 毕学工. 高炉过程数学模型与计算机控制[M]. 冶金工业自动化, 1996.

[20] 马竹梧, 高炉自动化进展及今后策略[C] //高炉自动化会议论文集. 重庆: 1990.

[21] 吉年丰, 高炉槽下供配料系统称量控制[J]. 钢铁厂设计, 1999(5): 40-42.

[22] 白凤双等, 鞍山钢铁公司 10 号高炉热风炉优化控制系统[J]. 世界仪表与自动化, 2002, 6(5): 51-55.

[23] 周传典. 高炉炼铁生产技术手册[M]. 北京: 冶金工业出版社, 2002.

[24] 周传典, 鞍钢炼铁技术的形成于发展[M]. 北京: 冶金工业出版社, 2001.

[25] 董一成, 全泰铉, 等. 高炉生产知识问答[M]. 北京: 冶金工业出版社, 1997.

[26] 刘彩云. 高炉布料规律[M]. 北京: 冶金工业出版社, 1984.

[27] 铁南兮. 现代钢铁工业技术电气工程[M]. 北京: 冶金工业出版社, 1988.

[28] 张先檀. 现代钢铁工业技术仪表控制[M]. 北京: 冶金工业出版社, 1990.

[29] 马竹梧, 原料场自动化[J]. 冶金自动化, 1993(1): 3-7.

[30] 黄定良, 大高炉燃烧炉控制[J]. 冶金自动化, 1986, 10(3): 19-24.

[31] 孙平. 新 3 号高炉无料钟炉顶自动控制系统[J]. 武钢技术, 1992(5): 44-46.